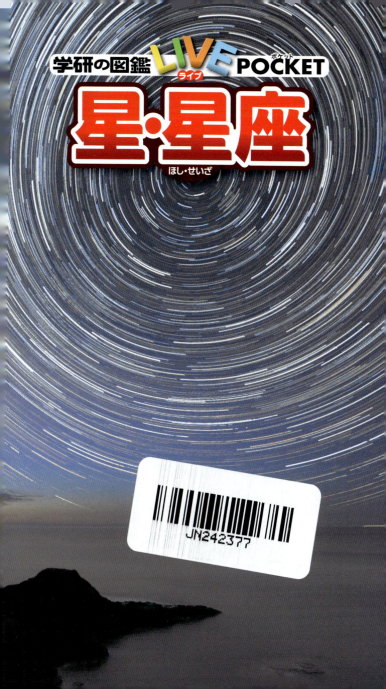

もくじ

表紙：季節の代表的な星座　裏表紙写真：ブルナッチ星図
背表紙：おとめ座　とびら：星の日周運動

この図鑑の見方と使い方 ── 4

星の神話①

ペルセウスのメデューサ退治 ── 6
天の岩戸の物語 ── 8
イシスの麦の穂 ── 10
太陽を射る男 ── 12

星と星座

星座の見え方・表し方 ── 14
星・星座の動き ── 20
星の明るさと星までの距離 ── 22
夜空をうめつくす88星座 ── 24
全天88星座データ ── 34

春の星座　38

おおぐま座・こぐま座 ── 42
北斗七星と北極星 ── 44
かに座・やまねこ座 ── 46
しし座・こじし座 ── 48
うみへび座・ろくぶんぎ座・
コップ座・からす座 ── 50
うしかい座・りょうけん座 ── 52
おとめ座・かみのけ座 ── 54
かんむり座 ── 56
ケンタウルス座・おおかみ座 ── 58

夏の星座　60

さそり座 ── 64
いて座・みなみのかんむり座 ── 66
てんびん座 ── 68
ヘルクレス座 ── 70
へびつかい座・へび座・
りゅう座 ── 72
こと座 ── 74
わし座 ── 76
はくちょう座 ── 78
こぎつね座・や座・いるか座・
たて座 ── 80

秋の星座　82

カシオペヤ座 ── 86
ケフェウス座 ── 88
ペルセウス座 ── 90
アンドロメダ座・さんかく座 ── 92
ペガスス座・こうま座・とかげ座 ── 94
くじら座・ちょうこくしつ座 ── 96
やぎ座・けんびきょう座 ── 98
おひつじ座・うお座 ── 100
みずがめ座・みなみのうお座・
つる座 ── 102

冬の星座　104

オリオン座 ── 108
オリオン大星雲 ── 110
おおいぬ座・こいぬ座 ── 112
おうし座 ── 114
ぎょしゃ座・エリダヌス座・
きりん座 ── 116
ふたご座 ── 118
いっかくじゅう座・うさぎ座・
はと座 ── 120
りゅうこつ座・とも座・ほ座・
らしんばん座 ── 122

2

南天の星座①	124
南天の星座②	126

太陽系と銀河の観察

太陽系の天体たち	130
太陽の観察	132
月の観察	134
日食と月食①	136
日食と月食②	138
水星・金星の観察	140
火星の観察	144
小惑星の観察	148
木星・土星の観察	150
土星より遠い天体の観察	156
流星群の観察	158
彗星の観察	161
天の川銀河の観察	164
銀河の観察	166
銀河の集まり	168

星の神話❷

おおぐま座	170
かに座・しし座	171
うみへび座・うしかい座	172
おとめ座	173
かんむり座・ケンタウルス座	174
さそり座	175
いて座	176
てんびん座	177

ヘルクレス座	178
こと座	179
はくちょう・カシオペヤ座	180
アンドロメダ座	181
ペガスス座・うお座	182
やぎ座	183
おひつじ座・みずがめ座	184
オリオン座	185
おおいぬ・おうし座	186
ふたご座	187
さくいん	202

LIVE情報

誕生星座	128
火星のこれからの動き	146
木星のこれからの動き	152
土星のこれからの動き	154
天体望遠鏡を使う①	188
天体望遠鏡を使う②	190
天体写真を撮る①	192
天体写真を撮る②	194
恒星のデータ	195
星団・星雲・銀河のデータ	197
惑星状星雲・散光星雲・銀河のデータ	198
星・星座のキーワード	199

この図鑑の見方と使い方

この図鑑では、季節ごとに見える代表的な星や星座を、わかりやすい星座図で紹介します。星座にまつわる神話や伝説、豆知識で、星への理解が深まります。また、スマートフォンで黄道12星座の3DCGを見ることができます。

星図

季節の星座ページのはじめには、2種類の星図があります。見る場所によって見え方がちがうので、全天星図には、北緯45°、35°、25°の場所から見た様子を示しています。

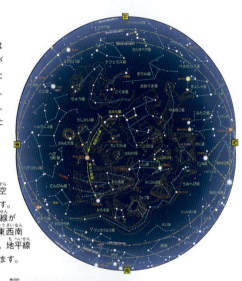

季節ごとのある時間の星空全体を表した全天星図です。図の中心が真上で、回りの線が地平線です。上下左右に東西南北の方向が示してあります。地平線は3つの緯度別に示しています。

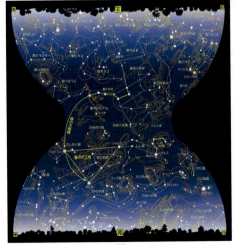

北の空と南の空を表した星図です。図の中央が真上で、本の上下から見ることができ、真上の星空の様子がわかりやすくなっています。北緯35°の場所から見た星の様子を示しています。

スマートフォンで見てみよう！

このマークが
あるページは

マークがあるページの全体をスキャンすると、黄道12星座が現れるよ。おうちの人とあなたの誕生星座を見てみよう！

しし座が
出現！

マークがある
ページ全体を
スキャンして
ください。

黄道12星座の3DCG

マークがあるページ全体にスマホをかざし、誕生星座を見てみよう！

かに座	46	いて座	66	うお座	101
しし座	48	てんびん座	68	みずがめ座	102
おとめ座	54	やぎ座	98	おうし座	114
さそり座	64	おひつじ座	100	ふたご座	118

※スマートフォンアプリ「ARAPPLI（アラプリ）」のOS対応は iOS：7、Android™4以降となります。 ※タブレット端末動作保証外です。 ※Android™端末では、お客様のスマートフォンでの他のアプリの利用状況、メモリーの利用状況等によりアプリが正常に作動しない場合がございます。また、アプリのバージョンアップにより、仕様が変更になる場合があります。詳しい解決法は、http://www.arappli.com/faq/private をご覧下さい。 ※Android™はGoogle Inc.の商標です。 ※iPhone®は、Apple Inc.の商標です。 ※iPhone®商標は、アイホン株式会社のライセンスに基づき使用されています。
※記載されている会社名及び商品名/サービス名は、各社の商標または登録商標です。

星の神話①

ペルセウスのメデューサ退治

見たものを石に変える妖怪

秋の星座のひとつ、勇者ペルセウスをかたどったペルセウス座にまつわる神話です。

青年ペルセウスは、あるとき、育ての親のポリュデクテス王との約束で、恐ろしいメデューサという化け物退治に出かけることになりました。

メデューサは、もとはたいそう美しい娘でしたが、自慢の髪の毛で、アテナ女神と美しさを競おうとしたため、女神の怒りにふれて、美しさのすべてをうばわれたうえ、怪物の姿に変えられてしまったのでした。美しかった巻き毛のひとすじひとすじは、生きたヘビとなり、その恐ろしい顔を見たものは、人間であろうとけものであろうと、たちまち石にしてしまうという、とんでもない力を持っていました。

ペルセウス、洞窟へ向かう

メデューサは、これまたどれもが恐ろしくみにくい顔をしたゴルゴンの三姉妹の三女で、三姉妹で海辺の廃墟に住んでいました。ペルセウスがメデューサの住む廃墟までやってくると、そこにアテナ女神が現れ、「ペルセウスよ、メデューサの顔をこの盾にうつして首をはねるがよい」と言うと、鏡のようにみがかれた盾を渡してくれました。その盾にうつせば、直接に妖怪の顔を見なくてすむというわけです。

ペルセウス、メデューサの首を切る

ペルセウスが、妖怪たちのすみかの奥に進むと、そこには三姉妹が眠りこけていました。ペルセウスは、盾にうつる三姉妹の中からメデューサを見

つけ出すと、刀を振りかざしながら後ろ向きに近づきます。

あやしい気配に気づいて目を覚ましたメデューサの髪の毛のヘビたちが鎌首をもたげ、ざわざわと動き出し、メデューサも真っ赤な目をカッと見開きました。それとほとんど同時でした。ペルセウスの剣がいきおいよく

振りおろされると、妖怪の首が切り落とされ、どさりと床に落ちました。
　メデューサの血しぶきが、近くの岩にかかると、その中からヒヒーンといななって飛び出したものがありました。つばさの生えた天馬ペガススです。ペルセウスはメデューサの首を革ぶくろにつめこむと、さっそく、天馬にうちまたがり空へと飛び立ち、帰りの道を急いだのでした。

　この神話には、アンドロメダ姫をお化けクジラから救い出し大活躍をするというお話の続きがあります（181ページ）。また、天馬ペガススも、ペガスス座（94ページ）として、秋の星空をいろどっています。

星の神話①

天の岩戸の物語

アマテラス、岩屋にとじこもる

　はるか昔、神々が日本の国をつくられたころのお話です。
　世の中を照らし出す太陽の女神アマテラスオオミカミには、スサノオノミコトという弟の神がいました。このスサノオは、手のつけられない乱暴者で、姉のいる高天の原にとどまっていたときにも、その乱暴ぶりは大変なものでした。
　たとえば、アマテラスが耕していた水田の畦をこわし溝をうめてしまうなどの悪さをし、おまけにその年にとれた稲穂を供える神殿を自分の大便でけがす始末です。それでも、姉のアマテラスはとがめることをせず「元気がありあまってのことでしょう」と大目に見ていました。
　ところが、スサノオの乱暴は、ひどくなるばかり。あるとき、アマテラスの機を織る神聖な機織り屋に、はぎとったウマの皮をほうり込み、おどろいた機織りの娘が杼（機で横糸を通す舟形の部品）で体をついて死んでしまうという事件が起きました。さすがのアマテラスも、これにはかんかんに怒って、天の岩戸（岩屋の戸）を押し広げると中に入り、とじこもってしまいました。

岩戸を出て昼がもどる

さあ、それからが大変です。高天の原はすっかり暗くなり、昼のない暗黒の世界となりました。おまけに、あらゆる神々に不平不満が出て、それがもとで、さまざまな災いも起こりはじめました。困り果てた神々は、天の安の河原に集まって作戦をねり、実際に動きはじめました。

まず、長鳴きをするニワトリを集めると、つぎに鉄と石を集めて鍛冶人に鏡をつくらせました。また、玉細工の神に命じて勾玉をつくらせるなどして、それらを岩戸の前にかざりつけました。そして、ニワトリを鳴かせたあと、こんどは踊り上手な女神ウズメノミコトが、はだもあらわに狂ったように踊り出しました。これを見たほかの神々は大笑いし、高天の原全体がどよめきます。

一方、岩戸の中のアマテラスは、そうぞうしさに「何ごとか？」と、岩戸を少しだけ開けて外をのぞき見ました。

そのときです。力自慢のタヂカラオノミコトが、岩戸を力一杯押し開け、中からアマテラスを引き出してしまいました。これにより、高天の原に昼がもどり、世の中がもとどおり平和になったということです。

9

星の神話①

イシスの麦の穂

セトの悪だくみ

　古代エジプトは、紀元前3000年もの昔からの古い文明です。古代エジプトのはじまりのお話です。

　古代エジプトの神話に登場する第4代の王オシリスは、民衆に農耕やパンづくりを熱心に教えるなど、尊敬される王でした。妃は愛と美の女神のイシスで、農耕の神でもあるため、手にはいつも麦の穂を持っていました。

　ところが、オシリスにはセトという暗黒を支配する悪神の弟がいました。つね日ごろから兄オシリスの暗殺を考えていたセトは、あるとき、オシリスに宴会といつわって悪神の仲間を呼んで悪だくみをくわだてます。

　セトは、あらかじめオシリスの背たけに合わせてつくらせた箱を用意し、身長の合った者に箱をゆずろうと言い出したのです。オシリスが箱に入ると、とうぜんのことながらぴたりと合いました。セトは素早くふたをして釘を打ちつけると、あろうことかそのまま川に投げ込んでしまいました。箱は海へと出て、やがてシリアのヒブロスまで流れ着きました。

　さらにセトは、イシスまでとらえうとしますが、イシスは、なんとかセトの手からのがれます。妃のイシスが

逃げるとき、手から麦の穂がほうり投げられました。麦の穂は、そのまま天に上ると、ぼんやりと見える天の川になったと言われています。

息子ホルスのかたきうち

さて、なげき悲しむイシスは、さがし歩いたすえオシリスの箱を見つけ出し、エジプトに持ちかえりました。しかし、またしてもセトがオシリスの遺体を盗み出し、こんどは14もの断片に切りきざみ、エジプトの方々にすててしまいました。

それでもあきらめきれないイシスは、多くの困難を乗りこえて14の場所を見つけ出し、すべての場所に王の墓（神殿）を建てたと言われています。

その後、オシリスとイシスの息子であるホルスは二人の神トートとアヌビス（シリウス星の神）とともに、セトに戦いをいどみ、見事にかたきうちを果たしたということです。

イシスは、のちの古代ギリシャの神話の美と愛の女神アフロディテや、農耕の神デメテル（173ページ）のもとになったと言われています。アフロディテは、ローマ神話ではビーナスといい、うお座の神話に登場します（182ページ）。

星の神話①

太陽を射る男

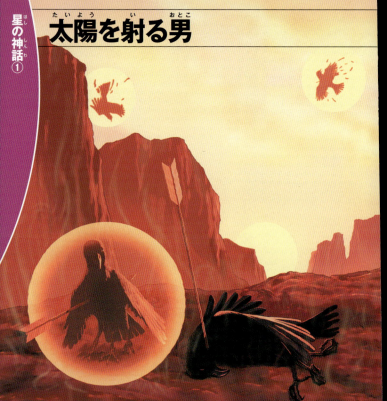

とつぜん10個になった太陽

　中国に古くから伝わるお話です。大昔、太陽は今よりもずっと近くにあり、あつく光りかがやいていました。
　そんな太陽が、あるときとつぜん10個も現れたからたまりません。山々は燃え上がり、草や木はたちまちのうちに枯れ、人や動物もあまりのあつさにたまりかねて、しかたなく地下に穴を掘ってくらすことにしました。
　困りはてた皇帝は、天下一の弓の名人と評判のゲイという男を呼んで、こう命じました。「ただでさえあつい太陽が、10個もあるのは困りものだ。おまえのうでで、9個を射落として、ひと

つだけにもどしてはくれまいか」

太陽を射落とすゲイ

　皇帝の命令とあれば、受けないわけにはいきません。さっそく自慢の弓をたずさえると、もうれつなあつさにたえながら高い山に登りました。そして、岩の上でしっかりと足をふんばると、じりじりと照りつける太陽めがけて矢を放ちはじめました。ゲイの弓のうでは、さすがに見事なものでした。太陽は次々に矢にかかり、やがてひとつをのこして、9個が射落とされたのでした。
　さて、ゲイが射落とした9個の太陽

をよく調べてみると、なんと、太陽と思っていたのは、3本足の真っ黒なカラスではありませんか。これには皇帝も人々もおどろき、あきれるばかりでした。

昼と夜のはじまり

ところで、射落とされずに、ひとつのこった太陽は、おどろいて西の山へと逃げ込んでかくれてしまいました。光りかがやいていた太陽がかくれてしまったため、山の中は真っ暗になってしまいました。困りはてたいろいろな動物たちが、かわるがわる大声で呼びもどそうとしますが、かくれてしま

った太陽は、空にもどってくれません。最後にニワトリがひと声ときを告げました。すると「この美しい声で呼ぶのはだれだろう？」と、太陽が東の山から顔をのぞかせました。これからのち、太陽は東から上り、西へしずむようになったと言われています。

太陽の活動は、11年周期で活発になったり、ゆるやかになったりをくりかえしています。黒点の数も周期に合わせて、増えると活発になり、減るとゆるやかになります。このお話に登場する3本足のカラスは、黒点を表しているのではないかとも言われています。(133ページ)

13

星座の見え方・表し方❶

夜空にかがやく星々を結びつけ、その形を想像しながらながめると、星座神話で活躍する英雄や動物たちの姿が、夜空に浮かび上がってきます。

夜空はうつり変わる星空の舞台

星座は大昔の人々が星空に描き出した絵巻物の世界と言っていいでしょう。星座のことを何も知らなければ、夜空は星々がかがやいているようにしか見えません。しかし、星座や星座神話のことをくわしく知っていれば、夜空は季節ごとにうつり変わる星空の舞台として楽しめます。この本では、星座の観察に役立つよう、各星座の絵姿を写真に重ね合わせたりして示してあります。ただし、市街地ではネオンや街灯などで、淡い星が見えづらくなっています。そんな場所で星座ウォッチングを楽しむときは、明るい星を目印にし、想像力でおぎないながら、星座の姿をイメージしなければなりません。そんなとき、星座絵や星座写真が役立つことでしょう。

星と星を結び星座を描き出す

星座は、夜空にかがやく星々をばくぜんと結んで描き出されたものなので、星の結び方には決まったやり方があるわけではありません。星々を結びつけ、星座の骨格をつかんだら、星座の絵姿を肉づけしてイメージするようにします。

星座の範囲

星座は今からおよそ5000年前、今のイラク付近の古代メソポタミアの人々が考え出したものだと伝えられています。昔は星座ごとの範囲はばくぜんとしたものでしたが、現在では星座の境界線（左図の青い破線）が決められており、88星座あります。

豆ちしき　星座の星の結びつけ方には、決まったやり方はありません。この本では、その姿が

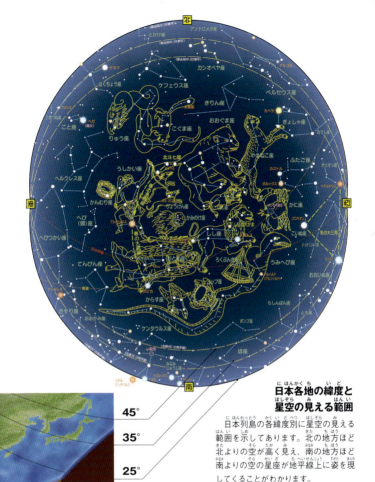

日本各地の緯度と星空の見える範囲

日本列島の各緯度別に星空の見える範囲を示してあります。北の地方ほど北よりの空が高く見え、南の地方ほど南よりの空の星座が地平線上に姿を現してくることがわかります。

日本の北と南で見え方がちがう

　日本列島は南北に長くのびているので、緯度の高い北海道と、緯度の低い沖縄とでは星空の見える範囲がちがいます。たとえば、沖縄付近では、水平線上に南十字星を見ることができますが、北海道付近ではまったく見ることができません。北海道付近では北極星が沖縄付近で見るより20°も高く北の空に見えます。また、日本列島は南北ほどではありませんが、東西にも幅広くなっています。このため、星座が現れる時刻は東よりの地方ほど早くなります。しかし、星座はたいてい頭上高いところで見る場合が多いので、特別な目的がない限り、東西南北の見える範囲については気にしなくてよいでしょう。

わかりやすいように結んであります。

15

星座の見え方・表し方❷

夜空を見上げると、星空がまるでおわんをかぶせたように、頭上に丸くおおいかぶさったように見えます。このおわんのような丸天井の球のことを「天球」と呼びます。星座の星々は天球にはりついていると見立てて、星の見え方や位置を表しています。

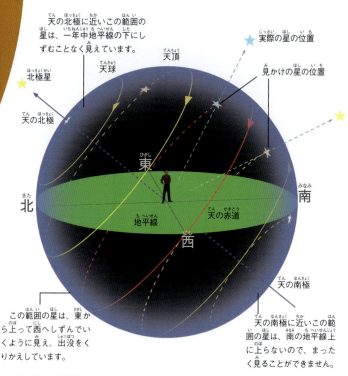

天の北極に近いこの範囲の星は、一年中地平線の下にしずむことなく見えています。

実際の星の位置

天頂

天球

見かけの星の位置

北極星

天の北極

東

北

南

地平線

天の赤道

西

天の南極

この範囲の星は、東から上って西へしずんでいくように見え、出没をくりかえしています。

天の南極に近いこの範囲の星は、南の地平線上に上らないので、まったく見ることができません。

星空と天球

夜空にかがやいている星の地球との距離はみなちがいます。しかしわたしたちの目には星の距離のちがいはまったく感じられず、どの星も頭上におおいかぶさるような「天球」にはりついてかがやいているように見えます。そして天球は、地球が西から東へ自転するにつれ、東から西へ回転していくように見えます。日本付近の緯度では太陽も月も星も天球にはりついたまま東から上り、西へしずんでいくように見えるのです。天球がおわんをかぶせたように見えるのは、地平線から上の部分だけが見えるからです。地平線の下の部分は見ることができません。もちろん地球の自転につれ、地平線下の部分も東から上ってくることになります。

🫘ちしき 赤道座標の原点となる「春分点」は、年々少しずつずれていくので、現在は2000.0年

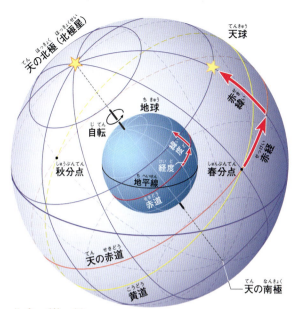

星の位置の表し方

地球上の位置は「経度と緯度」で示しますが、これと同じように星の位置も天球上の目もりである「赤経」と「赤緯」で示します。これは地球上の経度と緯度をそのまま天球上に投影したもので、北極は「天の北極」、赤道は「天の赤道」などと表します。太陽の通り道は「黄道」といい、惑星たちもその黄道にそって動いていきます。

赤道座標

天の赤道を基準として星の位置を表すのが「赤道座標」です。赤道から天の北極までの90°を＋の赤緯で表し、赤道から天の南極までの90°を−の赤緯で表します。赤経は東経や西経でなく、うお座の春分点から東回りに360°はかり、15°を1時間として24時間に分け、たとえば赤経18時41分（記号では18 h 41 m）というように表します。

地平座標

赤道座標は天球上での星の位置を表しますが、地平座標は自分の立っている場所での星の見える高さや方位を表します。高さは地平線から頭の真上の天頂まで90°までの角度を表し、方位は真北を0°として東回りに360°ぐるりと示す場合などがあります。

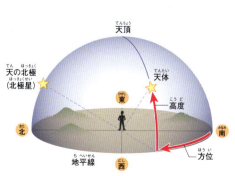

の春分点を基準としています。

17

星座の見え方・表し方 ❸

緯度のちがいと天球の動き

　頭上におおいかぶさる天球の傾きは、星空を見上げる地球上の場所、つまり緯度によって変わります。このため、星空の動きも緯度によってちがいがあります。
日本付近での傾きは、およそ35°なので、東から上る星の傾きはその分ななめ方向に動いていきます。

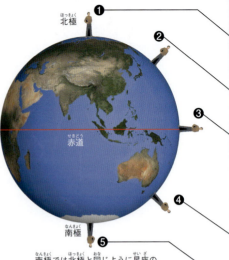

南極では北極と同じように星座の星々は地平線に平行に落ちるように日周運動で動いていきます。

星の呼び名・符号

　おとめ座の1等星スピカやさそり座の1等星アンタレスのように、とくに明るい星には固有名がつけられています。ほとんどがギリシャ神話に登場するものや、アラビア語に由来するものですが、プレアデス星団を「すばる」と呼ぶように、日本語の呼び名で親しまれているものもあります。しかし、ほとんどの星はギリシャ文字の符号をつけて呼ばれます。一部例外はありますが、だいたいはその星座の明るい星や主要部分の星から順にギリシャ文字の小文字の α、β、γ の符号がつけられています。このほかローマ字や数字をつけられているものもあります。

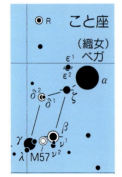

α	アルファ	ν	ニュー
β	ベータ	ξ	クシー（グザイ）
γ	ガンマ	ο	オミクロン（オマイクロン）
δ	デルタ	π	パイ（ピー）
ε	イプシロン（エプシロン）	ρ	ロー
ζ	ゼータ（ジータ）	σ	シグマ
η	エータ（イータ）	τ	タウ（トー）
θ	シータ（セータ）	υ	ユプシロン（ユープシロン）
ι	イオタ（アイオタ）	φ	ファイ（フィー）
κ	カッパ	χ	カイ（キー）
λ	ラムダ	ψ	プシー（プサイ）
μ	ミュー	ω	オメガ（オーメガ）

豆ちしき　春分や秋分の日の太陽は、真東から上り、真西へしずんでいくので、正しい東西の

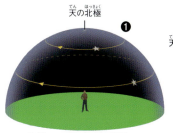

❶ 北極では、天の北極が天頂になるので、星座の星は地平線に平行になるように動いていきます。

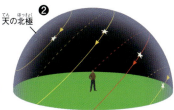

❷ 日本付近のように中緯度の場合は、星はななめに傾いて上り、北の空の星は反時計回りに動いていきます。

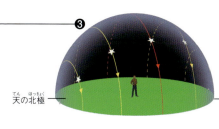

❸ 赤道上では天球が南北真横になるので、星々は東からまっすぐ垂直に上り、まっすぐ西へしずんでいきます。

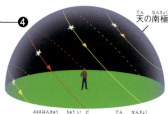

❺

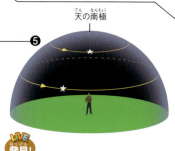

❹ 南半球の中緯度では、天の南極が見えてきて、南の星々は時計の針と同じ向きに動いていきます。

指でつくる星空のものさし

星どうしの間かくや地平線からの高度を表す場合、高さではなく角度で表します。しかし分度器を使って角度を測るということは実際むずかしい作業です。そこで、大まかな角度を測るときは、自分の手のひらなどを分度器がわりに使う方法が便利です。

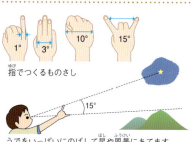

指でつくるものさし

うでをいっぱいにのばして星や風景にあてます。

方位を知ることができます。

19

星・星座の動き

　地球は、1日24時間かけて1回転します。このため、夜空を見続けていると時間がたつとともに星座を形づくる星が東から西へと動いていくのがわかります。また、地球は、1年かかって太陽のまわりを回っているため、春、夏、秋、冬の季節で星空がうつり変わっていくのがわかります。

北の空の星の動き

星が動くわけ

　地球は西から東へと自転しています。このため地球上のわたしたちには、太陽も月も星も東から上って西へしずんでいくような動きに見えます。夜空の星が東から西へ動いていくのは、地球上から星を見上げていることによる見かけ上の動きで、天体たちが実際に夜空を動いているわけではありません。星空の動きを見ていると、地球の自転の様子を実感できるというわけです。

星は1時間に15°動く

　星は、北半球では、天の北極を中心に1時間に15°ずつ東から西へと動いていきます。

豆ちしき　上の写真は北極星に向けて、カメラのシャッターを開けて長時間露出したものです。

星の日周運動

1日24時間がかりで自転する地球上から見る一晩の星の動きを「星の日周運動」と呼んでいます。星座は、日周運動によって東から上り、西へしずんでいきますので、日暮れのころ南の空に見えていた星座も時間とともに西へと動いて低く下がっていきます。入れかわって、真夜中ごろになると、東で低かった星座が南の空に高く上ってきます。さらに夜明けが近づくと次の季節の星座が東の空に姿を現します。一晩中空を見続けていると、たとえば夏、秋、冬の3つの季節の星座を見ることができるわけです。

星の日周運動（秋）

日暮れのころ見えた夏の星座は、夜ふけになると秋の星座に変わり、夜明けには冬の星座になります。春の星座は、昼間、太陽の方向に出ているので見られません。

季節ごとに星座が変わるわけ

星座は春、夏、秋、冬に分けて紹介されますが、実際にははっきりとした区別があるわけではなく、ゆっくりとうつり変わっていきます。これは、太陽のまわりを1年がかりで回る地球の背後に見える星座が少しずつうつり変わっていくためです。この星座のうつり変わりのことを「星の年周運動」と呼んでいます。

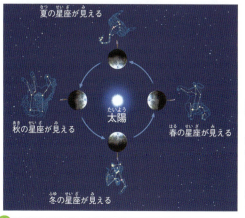

星の年周運動

太陽のまわりを回る地球の位置によって背後の夜の側に見える星座がうつり変わっていくため、季節による星座のうつり変わりが見られることになります。

豆ちしき 各季節の星座は、それぞれの季節の午後8時ごろ南の空で見つけやすい星座です。

星の明るさと星までの距離

星の明るさと等級・光度

　一目でわかる明るい星から、肉眼でやっとわかる淡い星まで、星の明るさを1等星、2等星とランクづけして表したのが「等級」、「光度」と呼ばれる表し方です。肉眼で見える一番暗い星が6等星で、その6等星よりも100倍明るい星が1等星です。1等星より明るい星は、0等星、マイナス1等星、マイナス2等星などと、マイナス（ー）の符号をつけて表します。反対に6等星より暗い星は7等星、8等星と数字が大きくなっていきます。また、2.4等星などとよりくわしく明るさを表すこともあります。肉眼で見える6等星以上の明るさの星は夜空全体におよそ6000個ありますが、地平線から上に出ている半球の夜空ではその半分の3000個くらいです。夜空が暗く澄んだ高原のような場所だとたくさんの星を見ることができますが、市街地など、夜空が明るい場所では、淡い星は見られません。

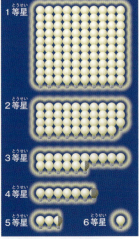

電球で表した星の等級
　肉眼で見える1等星から6等星までの星の明るさを豆電球の数でくらべてみたものです。1等級明るくなると2.5倍明るくなります。

星の見かけの等級と絶対等級、星との距離

　夜空にかがやく星の明るさがそのまま実際の明るさというわけではありません。星までの距離によって、見かけの明るさにちがいが出てくるからです。1秒間におよそ30万kmのスピードで進む光が、1年間かかってとどく距離を「1光年」という単位で表します。距離32.6光年のところに天体をもってきて明るさくらべをすると、星の本当の明るさがわかることになります。その明るさを「絶対等級」と言います。

豆ちしき　太陽はー26等級ですが、32.6光年まで遠ざけると、4.8等級の星となります。

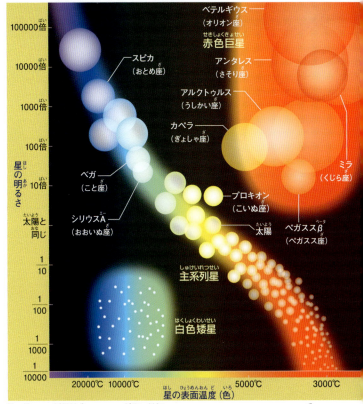

星の明るさと表面温度のちがいで恒星を分類したのが、ヘルツシュプルング・ラッセル図です。

星の色と表面の温度

明るい1等星などを観察すると、赤い星、青い星、黄色っぽい星など色がわかるものがあります。色のちがいは、星の表面温度のちがいによるものです。赤く見える星の表面温度は太陽のおよそ半分くらいの3000℃、青白いものは表面温度が高く10000℃くらいです。おとめ座の1等星スピカは表面温度が約20000℃、こいぬ座のプロキオンは6500℃、オリオン座のベテルギウスは3600℃と考えられ、表面温度のちがいで星の色がちがって見えます。

スピカ　　　プロキオン　　　ベテルギウス

豆ちしき　太陽は、これから50億年は安定してかがやくと考えられています。

23

夜空をうめつくす88星座

現在、国際天文学連合で決められている星座は、全部で88あります。ここでは、あいうえお順に大きさがくらべられるように紹介しています。星座のデータは、34ページからの表にあります。

↓①アンドロメダ座
↑②いっかくじゅう座
③いて座↑
←④いるか座
↑⑤インディアン座
←⑥うお座

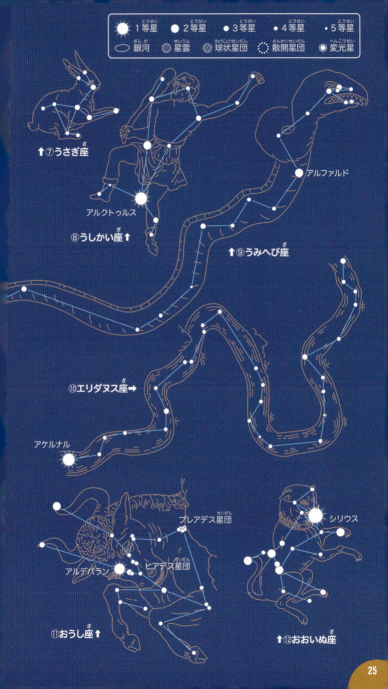

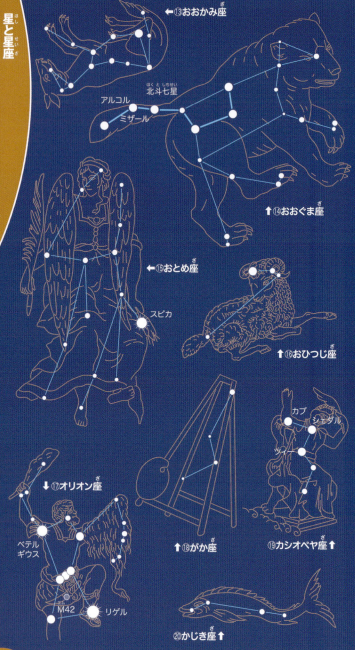

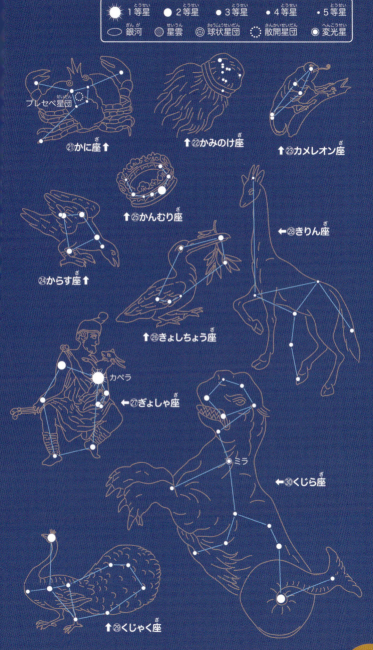

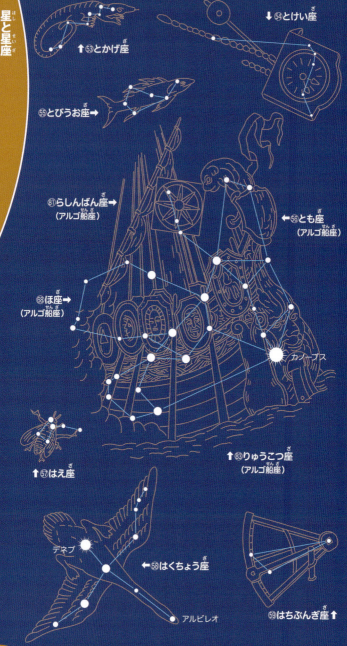

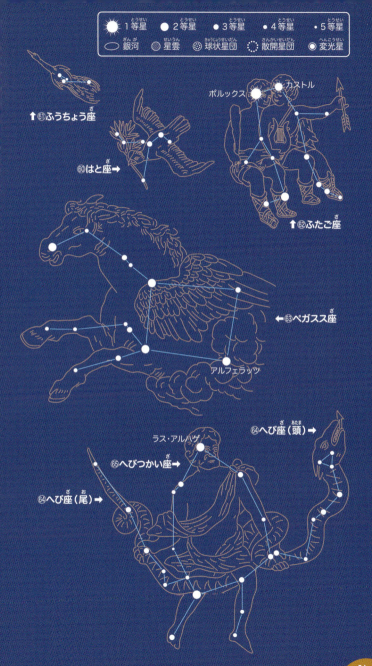

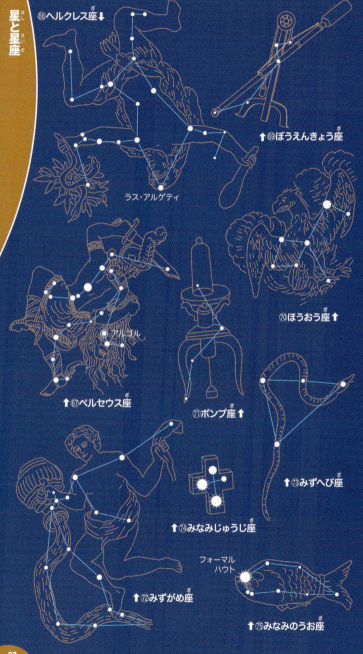

全天88星座データ

星 座	記 号	赤 経	赤 緯	20時南中日	面 積	肉眼星数	一 等 星	設 定 者	備 考
アンドロメダ座	Andromeda (And)	0h40m	+38°	11月27日	722平方度	149		プトレマイオス	大銀河M31
いっかくじゅう座（一角獣）	Monoceros (Mon)	07h00m	-3°	3月 3日	482平方度	136		バルチウス	冬の大三角の中
いて座 *（射手）	Sagittarius (Sgr)	19h00m	-25°	9月 2日	867平方度	194		プトレマイオス	銀河系の中心方向・南斗六星
いるか座（海豚）	Delphinus (Del)	20h35m	+12°	9月26日	189平方度	41		プトレマイオス	小さなひし形
インディアン座	Indus (Ind)	21h20m	-58°	10月 7日	294平方度	40		バイヤー	一部が見える
うお座 *（魚）	Pisces (Psc)	00h20m	+10°	11月22日	889平方度	134		プトレマイオス	北と西の魚
うさぎ座（兎）	Lepus (Lep)	05h25m	-20°	2月 6日	290平方度	70		プトレマイオス	オリオン座の下
うしかい座（牛飼）	Bootes (Boo)	14h35m	+30°	6月26日	907平方度	140	アルクトゥルス	プトレマイオス	1等星アルクトゥルス
うみへび座（海蛇）	Hydra (Hya)	10h30m	-20°	4月25日	1303平方度	228		プトレマイオス	全天一東西に長い
エリダヌス座	Eridanus (Eri)	03h50m	-30°	1月14日	1138平方度	189	アケルナル	プトレマイオス	鹿児島以南で全部が見える
おうし座 *（牡牛）	Taurus (Tau)	04h30m	+18°	1月24日	797平方度	131	アルデバラン	プトレマイオス	プレアデス星とヒアデス星団
おおいぬ座（大犬）	Canis Major (CMa)	06h40m	-24°	2月26日	380平方度	140	シリウス	プトレマイオス	全天一明るいシリウス
おおかみ座（狼）	Lupus (Lup)	15h00m	-40°	7月 3日	334平方度	116		プトレマイオス	南に低い
おおぐま座（大熊）	Ursa Major (UMa)	11h00m	+58°	5月 3日	1280平方度	207		プトレマイオス	北斗七星
おとめ座 *（乙女）	Virgo (Vir)	13h20m	-2°	6月 7日	1294平方度	167	スピカ	プトレマイオス	白い1等星スピカ
おひつじ座 *（牡羊）	Aries (Ari)	02h30m	+20°	12月25日	441平方度	85		プトレマイオス	裏返しの<の字形
オリオン座	Orion (Ori)	05h20m	+3°	2月 5日	594平方度	197	リゲル・ベテルギウス	プトレマイオス	三つ星と大星雲
がか座（画架）	Pictor (Pic)	05h30m	-52°	2月 8日	247平方度	47		ラカイユ	一部が見える
カシオペヤ座	Cassiopeia (Cas)	01h00m	+60°	12月 2日	598平方度	153		プトレマイオス	W字形
かじき座（旗魚）	Dorado (Dor)	05h00m	-60°	1月31日	179平方度	30		バイヤー	一部が見える
かに座 *（蟹）	Cancer (Cnc)	08h30m	+20°	3月26日	506平方度	97		プトレマイオス	プレセペ星団

豆ちしき 平方度とは、たてと横の見かけの角度をかけて出した面積です。

* 印は黄道12星座です。

34~35

星座名	読み	学名	赤経	赤緯	南中	面積	肉眼星数	1等星	設定者	特徴
かみのけ座	（髪）	Coma Berenices (Com)	12h40m	+23°	5月28日	386平方度	66		ティコ・ブラーエ	散開星団の星座
カメレオン座		Chamaeleon (Cha)	10h40m	−78°	4月28日	132平方度	20		バイヤー	南天のため見えない
からす座	（烏）	Corvus (Crv)	12h20m	−18°	5月23日	184平方度	27		プトレマイオス	いびつな小四辺形
かんむり座	（冠）	Corona Borealis (CrB)	15h40m	+30°	7月13日	179平方度	35		プトレマイオス	小半円形の7個の星
きょしちょう座	（巨嘴鳥）	Tucana (Tuc)	23h45m	−68°	11月13日	295平方度	43		バイヤー	一部が見える
ぎょしゃ座	（馭者）	Auriga (Aur)	06h00m	+42°	2月15日	657平方度	154	カペラ	プトレマイオス	1等星カペラと五角形
きりん座	（麒麟）	Camelopardalis (Cam)	05h40m	+70°	2月10日	757平方度	146		バルチウス	北極星に近い
くじゃく座	（孔雀）	Pavo (Pav)	19h10m	−65°	9月5日	378平方度	82		バイヤー	一部が見える
くじら座	（鯨）	Cetus (Cet)	01h45m	−12°	12月13日	1231平方度	178		プトレマイオス	変光星ミラ
ケフェウス座		Cepheus (Cep)	22h00m	+70°	10月17日	588平方度	148		プトレマイオス	あわい五角形
ケンタウルス座		Centaurus (Cen)	13h20m	−47°	6月7日	1060平方度	276	リギル・ハダル	プトレマイオス	南の地平線で上半身だけ
けんびきょう座	（顕微鏡）	Microscopium (Mic)	20h50m	−37°	9月30日	210平方度	41		ラカイユ	南に低い
こいぬ座	（小犬）	Canis Minor (CMi)	07h30m	+6°	3月11日	183平方度	41	プロキオン	プトレマイオス	1等星プロキオン
こうま座	（小馬）	Equuleus (Equ)	21h10m	+6°	10月5日	72平方度	15		プトレマイオス	ペガスス座の鼻の先
こぎつね座	（小狐）	Vulpecula (Vul)	20h10m	+25°	9月20日	268平方度	73		ヘベリウス	はくちょう座の十文字の下
こぐま座	（小熊）	Ursa Minor (UMi)	15h40m	+78°	7月13日	256平方度	39		プトレマイオス	北極星
こじし座	（小獅子）	Leo Minor (LMi)	10h20m	+33°	4月22日	232平方度	35		ヘベリウス	しし座の上
コップ座		Crater (Crt)	11h20m	−15°	5月8日	282平方度	34		プトレマイオス	からす座の四辺形の右
こと座	（琴）	Lyra (Lyr)	18h45m	+36°	8月29日	286平方度	70	ベガ	プトレマイオス	七夕の織女星ベガ
コンパス座		Circinus (Cir)	14h50m	−63°	6月30日	93平方度	38		ラカイユ	一部が見える
さいだん座	（祭壇）	Ara (Ara)	17h10m	−55°	8月5日	237平方度	67		プトレマイオス	さそり座の下
さそり座 *	（蠍）	Scorpius (Sco)	16h20m	−26°	7月23日	497平方度	169	アンタレス	プトレマイオス	アンタレスとS字のカーブ
さんかく座	（三角）	Triangulum (Tri)	02h00m	+32°	12月17日	132平方度	26		プトレマイオス	アンドロメダ座の下、M33

豆ちしき 「肉眼星数」は、6.5等星まで見える、きわめて条件のよい条件の星空での数字です。

星と星座（ほしとせいざ）

星座名		（意味）	学名	赤経	赤緯	南中日	面積	星数	1等星	設定者	特徴
しし座	*	（獅子）	Leo (Leo)	10h30m	+15°	4月25日	947平方度	118	レグルス	プトレマイオス	しし座の大かまとレグルス
じょうぎ座		（定規）	Norma (Nor)	16h00m	−50°	7月18日	165平方度	43		ラカイユ	一部が見える
たて座		（楯）	Scutum (Sct)	18h30m	−10°	8月25日	109平方度	29		ヘベリウス	いて座の上の天の川
ちょうこくぐ座		（彫刻具）	Caelum (Cae)	04h50m	−38°	1月29日	125平方度	20		ラカイユ	一部が見える
ちょうこくしつ座		（彫刻室）	Sculptor (Scl)	00h30m	−35°	11月25日	475平方度	52		ラカイユ	くじら座の下
つる座		（鶴）	Grus (Gru)	22h20m	−47°	10月22日	366平方度	56		バイヤー	地平線上の2つの星
テーブルさん座		（テーブル山）	Mensa (Men)	05h40m	−77°	2月10日	153平方度	23		ラカイユ	南天のため見えない
てんびん座	*	（天秤）	Libra (Lib)	15h10m	−14°	7月6日	538平方度	80		プトレマイオス	くの字を裏返した形
とかげ座		（蜥蜴）	Lacerta (Lac)	22h25m	+43°	10月24日	201平方度	65		ヘベリウス	ペガスス座の足もと
とけい座		（時計）	Horologium (Hor)	03h20m	−52°	1月6日	249平方度	31		ラカイユ	一部が見える
とびうお座		（飛魚）	Volans (Vol)	07h40m	−69°	3月13日	141平方度	29		バイヤー	一部が見える
とも座		（船尾）	Puppis (Pup)	07h40m	−32°	3月13日	673平方度	230		ラカイユ	アルゴ船の一部
はえ座		（蝿）	Musca (Mus)	12h30m	−70°	5月26日	138平方度	59		バイヤー	一部が見える
はくちょう座		（白鳥）	Cygnus (Cyg)	20h30m	+43°	9月25日	804平方度	262	デネブ	プトレマイオス	北の大十字と1等星デネブ
はちぶんぎ座		（八分儀）	Octans (Oct)	21h00m	−87°	10月2日	291平方度	53		ラカイユ	見えない、天の南極
はと座		（鳩）	Columba (Col)	05h40m	−34°	2月10日	270平方度	69		ロワイエ	うさぎ座の南
ふうちょう座		（風鳥）	Apus (Aps)	16h00m	−76°	7月18日	206平方度	36		バイヤー	南天のため見えない
ふたご座	*	（双子）	Gemini (Gem)	07h00m	+22°	3月3日	514平方度	118	ポルックス	プトレマイオス	カストル、ポルックスの兄弟星
ペガスス座			Pegasus (Peg)	22h30m	+17°	10月25日	1121平方度	169		プトレマイオス	大四辺形
へび座(頭部)		（蛇）	Serpens (Ser)	15h35m	+8°	7月12日	428平方度	68		プトレマイオス	頭と尾に分割
へび座(尾部)		（蛇）		18h00m	−5°	8月17日	208平方度	39		プトレマイオス	頭と尾に分割
へびつかい座		（蛇遣）	Ophiuchus (Oph)	17h10m	−4°	8月5日	948平方度	161		プトレマイオス	巨大な将棋の駒形

豆ちしき　88星座中、1等星の数は全部で21あります。

星座名	（読み）	学名	赤経	赤緯	南中日	面積	順位	1等星など	設定者	特徴
ヘルクレス座		Hercules (Her)	17h10m	+27°	8月5日	1225平方度	234		プトレマイオス	H形と大球状星団M13
ペルセウス座		Perseus (Per)	03h20m	+42°	1月6日	615平方度	158		プトレマイオス	人の字形と変光星アルゴル
ほ座	（帆）	Vela (Vel)	09h30m	-45°	4月10日	500平方度	204		ラカイユ	アルゴ船の一部
ぼうえんきょう座	（望遠鏡）	Telescopium (Tel)	19h00m	-52°	9月2日	252平方度	53		ラカイユ	いて座の南
ほうおう座	（鳳凰）	Phoenix (Phe)	01h00m	-48°	12月2日	469平方度	69		バイヤー	秋の南の地平線上
ポンプ座		Antlia (Ant)	10h00m	-35°	4月17日	239平方度	42		ラカイユ	うみへび座の南
みずがめ座 ＊	（水瓶）	Aquarius (Aqr)	22h20m	-13°	10月22日	980平方度	165		プトレマイオス	逆Yの字形のならび
みずへび座	（水蛇）	Hydrus (Hyi)	02h40m	-72°	12月27日	243平方度	33		バイヤー	沖縄で一部が見える
みなみじゅうじ座	（南十字）	Crux (Cru)	12h20m	-60°	5月23日	68平方度	48	アルファ・ベクルックス	プトレマイオス	沖縄で全景が見える
みなみのうお座	（南魚）	Piscis Austrinus (PsA)	22h00m	-32°	10月17日	245平方度	47	フォーマルハウト	プトレマイオス	1等星フォーマルハウト
みなみのかんむり座	（南冠）	Corona Australis (CrA)	18h30m	-41°	8月25日	128平方度	41		プトレマイオス	いて座の下の小半円形
みなみのさんかく座	（南三角）	Triangulum Australe (TrA)	15h40m	-65°	7月13日	110平方度	34		バイヤー	一部が見える
や座	（矢）	Sagitta (Sge)	19h40m	+18°	9月12日	80平方度	28		プトレマイオス	はくちょう座のくちばしのあたり
やぎ座 ＊	（山羊）	Capricornus (Cap)	20h50m	-20°	9月30日	414平方度	79		プトレマイオス	逆三角形
やまねこ座	（山猫）	Lynx (Lyn)	07h50m	+45°	3月16日	545平方度	93		ヘベリウス	かに座の北
らしんばん座	（羅針盤）	Pyxis (Pyx)	08h50m	-28°	3月31日	221平方度	39		ラカイユ	アルゴ船の一部
りゅう座	（竜）	Draco (Dra)	17h00m	+60°	8月2日	1083平方度	213		プトレマイオス	大びしゃく、小びしゃくの間に
りゅうこつ座	（竜骨）	Carina (Car)	08h40m	-62°	3月28日	494平方度	216	カノープス	ラカイユ	アルゴ船の一部、カノープス
りょうけん座	（猟犬）	Canes Venatici (CVn)	13h00m	+40°	6月2日	465平方度	58		ヘベリウス	コル・カロリ
レチクル座		Reticulum (Ret)	03h50m	-63°	1月14日	114平方度	23		ラカイユ	一部が見える
ろ座	（炉）	Fornax (For)	02h25m	-33°	12月23日	398平方度	57		ラカイユ	エリダヌス座の西
ろくぶんぎ座	（六分儀）	Sextans (Sex)	10h10m	-1°	4月20日	314平方度	35		ヘベリウス	しし座の下
わし座	（鷲）	Aquila (Aql)	19h30m	+2°	9月10日	652平方度	116	アルタイル	プトレマイオス	七夕の牽牛星アルタイル

豆ちしき　ふたご座のカストル（1.6等星）は、1等星に入れる場合もあります。

春の星座

北の空高く上りつめた北斗七星、北斗七星の柄のカーブをそのまま延長してたどる「春の大曲線」上にかがやくオレンジ色のアルクトゥルスと白色のスピカの2つの1等星。春の星は、心なしか春がすみの夜空にうるんでやさしく見えます。下の星座図は、春の空全体の様子を示したものです。円の中心のあたりが「天頂」、頭の真上にあたります。ただし、夜空の明るい市街地では、このようにたくさんの星は見えません。

春の全天の星座

見える時刻
3月5日　午前1時ころ
3月20日　午前0時ころ
4月5日　午後11時ころ
4月20日　午後10時ころ
5月5日　午後9時ころ
5月20日　午後8時ころ

光度
- 1等星
- 2等星
- 3等星
- 4等星
- 5等星
- 変光星

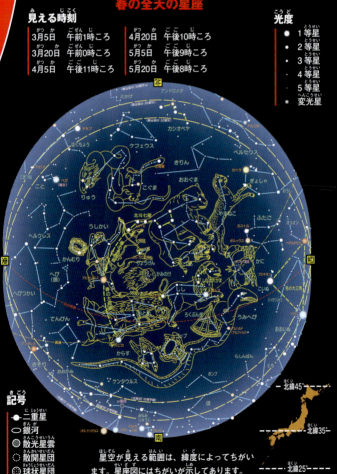

記号
- ●— 二重星
- ○ 銀河
- ◎ 散光星雲
- ⦵ 散開星団
- ⊛ 球状星団

星空が見える範囲は、緯度によってちがいます。星座図にはちがいが示してあります。

------ 北緯45°
------ 北緯35°
------ 北緯25°

豆ちしき 星座図と実際に星空を見上げている場所での方位を合わせて、星座をさがしてみよう。

春の星座のさがし方

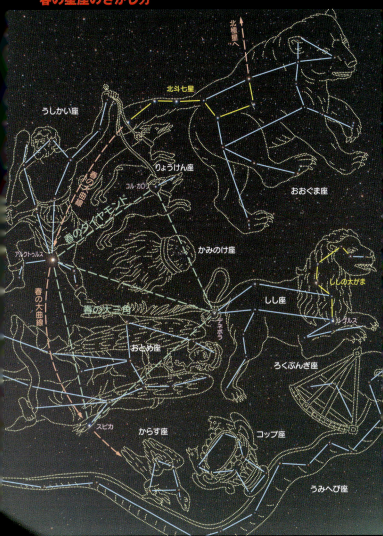

「春の大三角」にりょうけん座のコル・カロリを結んだ四角形を「春のダイヤモンド」と呼びます。

　まず、おおぐま座の北斗七星をさがしましょう。明るい7つの星が、水をくむときに使うひしゃくのような形にならんでいます。北斗七星の柄のカーブを南にのばしていくと、うしかい座のアルクトゥルスと、おとめ座の白色のスピカがかがやいています。この美しいカーブが、「春の大曲線」です。

39

春の星座

春の北の空の星座

5月1日ごろ：午後9時ごろ
5月15日ごろ：午後8時ごろ
5月30日ごろ：午後7時ごろ

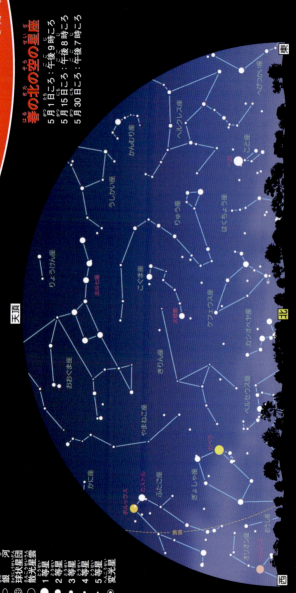

東京や大阪、福岡付近を結ぶ緯度で は、35°前後の高さあたりに見つけられます。北極星を見つける目印になってくれる北と七星は、春の宵のころ、北の空高くのぼっています。

北極星は一年中真北の方向を教えてくれる便利な星で、星空で、星空を見上げている場所の緯度と同じ高さの所に見えます。

星の豆ちしき 北極星を見つけるもう1つの目印、カシオペヤ座はこの時期、地平線に近いです。

春の南の空の星座

5月1日ころ：午後9時ころ
5月15日ころ：午後8時ころ
5月30日ころ：午後7時ころ

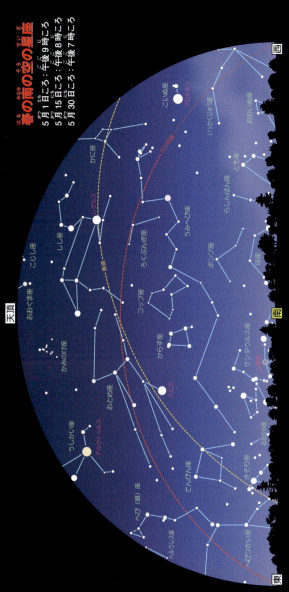

北斗七星の柄のカーブを南へ延長すると、うしかい座のアルクトゥルスをへて、おとめ座のスピカにとどく「春の大曲線」がえがけます。このカーブのうさぎ座のからす座を背にのせているのが、全天一東西に長いうみへび座で、頭から尾まで全身を見わたせるチャンスはそう多くありません。

豆ちしき 半球面で示された星座図のいちばん高い部分が、頭上の天頂になります。

おおぐま座・こぐま座

7個の明るい星「北斗七星」がかがやくおおぐま座と、「北極星」がかがやくこぐま座は、1年中北の空のどこかに見えています。春の宵のころは、北の空高く上り、見つけやすいので、春が見ごろの星座と言えます。

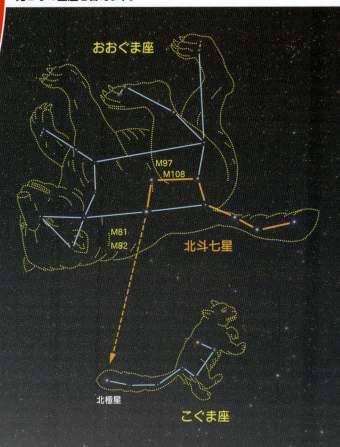

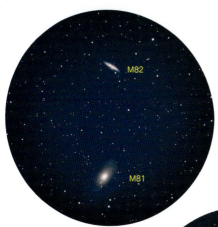

銀河M82と銀河M81

北斗七星の北東よりに望遠鏡で観察できる銀河があります。細長くのびているのがM82（不規則銀河）、丸みをおびているのがM81（渦巻銀河）です。

銀河M108と銀河M97

M108とM97は、北斗七星のひしゃくの先のβ星のそばにあり、小さな望遠鏡で同じ視野で見ることができます。M97はふくろう星雲とも呼ばれます。

★星座をさがそう★　2月上旬21時ごろ　3月上旬19時ごろ

おおぐま座とこぐま座

こぐま座の尾の先は北極星です。こぐま座は、1年中いつでも北の空をぐるぐる回っている星座です。おおぐま座もこぐま座のまわりを回っています。

豆ちしき　M82などの銀河は、望遠鏡を使うと、渦巻などの構造が観察できます。

43

春の星座

北斗七星と北極星

北斗七星の星たち

北斗七星という名前は、中国から伝わった名前で、北斗七星の「斗」は、ひしゃくという意味です。水や酒の量をはかったり、くんだりするときに使う「ひしゃく」の形にそっくりなのでそう名づけられています。日本では船、世界では、車など、いろいろな形に見立てられてきました。ひしゃくを形づくる7つの星は少しずつ動いているので、何万年という長い時間がたつと、地球からはひしゃくの形に見えなくなってしまうかもしれません。

北斗七星は何に見える？

船星（日本）
昔の船の形に見立てられました。船かざりもつけられています。

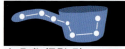

ソースパン（フランス）

農具のすき（イギリス）

チャールズの車（イギリス）
イギリスのチャールズ王の馬車に見立てたものです。

7つの星のならび
おおぐま座で目につく北斗七星の真ん中の星・メグルスは3等星ですが、あと6つは2等星の明るい星です。

肉眼二重星ミザールとアルコル
ひしゃくの柄の先から2番目のミザールに注目してみましょう。そばに4等星のアルコルが見つかります。どちらも肉眼でもわかる二重星です。さらに、ミザールは、AとBの2つの星からなっています。

豆ちしき　現在見られる北極星は2等星で明るいので、方角を知るのにとても便利です。今から

44

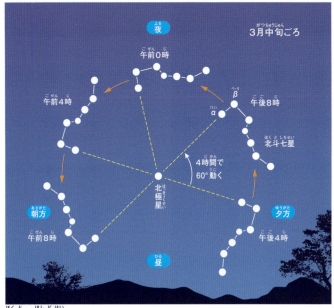

北斗の星時計
　北斗七星は、北極星のまわりを、時計の針と反対方向に1日に1回転します。その動きは、1時間に15°です。北斗七星を時計の長針に見立てると、動く方向は時計とは逆ですが、その角度でおおよその時間経過を知ることができます。これを「北斗の星時計」と呼んでいます。

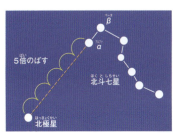

北斗七星から北極星をさがそう
　ひしゃくの先端の星αとその隣のβを結び、その間隔を5倍にのばすと、北極星に行き当たります。北極星は真北にかがやくので方角がわかります。

北極星も回っている
　北極星は、わずかに天の北極の位置とずれています。くわしく観察すると、天の北極のまわりを小さな円を描いて回っているのがわかります。

12000年後には、こと座のベガが北極星になります。

かに座・やまねこ座

春の宵の空高く、星が少ない、ぽっかり空いたような場所があります。この部分がやまねこ座で、その後ろ足にあるのがかに座です。星の光が弱いので注意して見つけましょう。

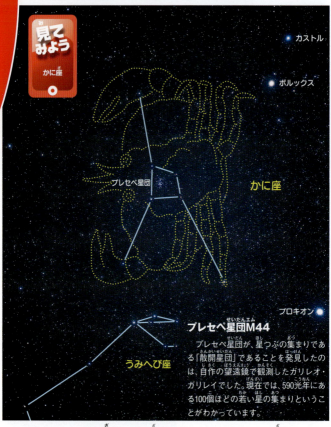

プレセペ星団M44
プレセペ星団が、星つぶの集まりである「散開星団」であることを発見したのは、自作の望遠鏡で観測したガリレオ・ガリレイでした。現在では、590光年にある100個ほどの若い星の集まりということがわかっています。

かに座 ふたご座のカストルやポルックス、こいぬ座のプロキオンなどの明るい星から、位置の見当をつけましょう。

かに座

かに座は、黄道星座のひとつで、6月22日〜7月23日生まれの人の誕生星座です。ふたご座としし座の中間あたりにありますが、淡い星ばかりなので、空が明るい市街地でその姿を見つけるのはむずかしいかもしれません。双眼鏡を使って、星を確認してみましょう。双眼鏡で見ると、かに座の甲羅の部分にある星の集まり「プレセペ星団」がわかります。肉眼では、ぼんやりと見えるだけで、星つぶが集まった散開星団とまではわかりません。

やまねこ座

　やまねこ座は、古代ギリシャ時代からあった星座ではなく、17世紀に、ポーランドの天文学者ヘベリウスが設定した星座です。ヘベリウスが考えたもともとの名前は、「やまねこ、またはとら座」という、はっきりしないものでした。北斗七星とふたご座のカストル、ポルックスの間の広い範囲にやまねこ座を見つけるのは注意が必要です。ヘベリウスも、「やまねこの姿をここに見つけ出すには、山猫のような鋭い目をもっていなければむりだろう」と言っています。

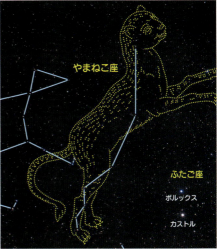

★星座をさがそう★　3月上旬22時ごろ　4月上旬20時ごろ

かに座

　北西の空高くに見られます。甲羅の中ほどに、プレセペ星団があります。ポルックス、プロキオン、しし座のレグルスの3個の1等星の中ほどをさがしてみましょう。

★星座をさがそう★　4月下旬23時ごろ　5月下旬21時ごろ

やまねこ座

　ほとんど真上に見えています。星座を形づくる星があまり明るくないので、ふたご座の明るい星、ポルックスとカストルを目印にしましょう。

豆ちしき　やまねこ座とかに座には、明るい星がありません。空が澄んだ夜にさがしましょう。

47

春の星座

しし座・こじし座

　春の宵の空高くかかるしし座は、百獣の王ライオン・獅子の姿を見事に描き出した星座です。明るい星が多く、見つけやすい星座です。しし座の頭の上の小さなこじし座は、目につきにくい星座です。

しし座とこじし座

　大きなライオンの頭に乗る小さなライオンの姿を表したのがこじし座です。「ししの大がま」に乗っているように見えます。

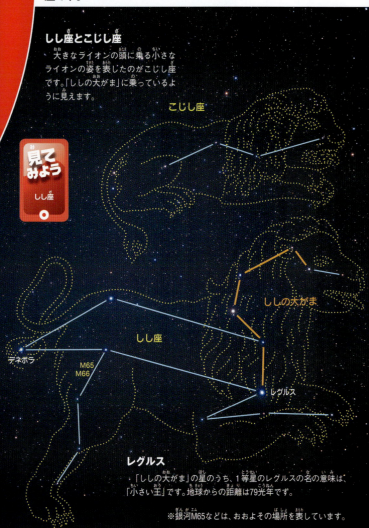

見てみよう
しし座

こじし座

ししの大がま

しし座

デネボラ

M65
M66

レグルス

レグルス

　「ししの大がま」の星のうち、1等星のレグルスの名の意味は、「小さい王」です。地球からの距離は79光年です。

※銀河M65などは、おおよその場所を表しています。

しし座とこじし座

春の宵のころ、南の空高くに、いさましく胸をはるライオンの姿を表したものがしし座です。ギリシャ神話に登場するこのライオンは、英雄ヘルクレスに退治されたネメアの森の人食い獅子です。そんな悪役が星座になったのは、ヘルクレスがきらいな大神ゼウスの妃ヘラ女神が、「よくぞヘルクレスをこらしめてくれた」と感謝したからだと言われています。
こじし座は、しし座のライオンの頭の上に乗ったような小さな星座で、17世紀に、ポーランドの天文学者ヘベリウスが設定した星座です。ヘベリウスが、しし座とおおぐま座の間に広がる星座がない部分をうめるように設定したので、小獅子の姿を思い描くのはむずかしい星座です。

しし座にある銀河群

しし座の後ろ足のところに望遠鏡を向けると、3つの銀河がひとかたまりになっている「M66銀河群」を見ることができます。それぞれの銀河は形がちがうので見てみましょう。

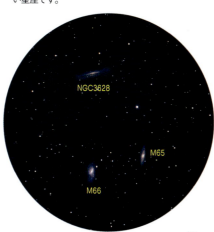

ししの大がま

しし座で目につくのは、1等星レグルスをふくむ6個の星が形づくる「?」マークを裏返したような「ししの大がま」の星のならびです。西洋で使われる草刈り鎌に似ているので呼ばれています。

★星座をさがそう★

4月上旬22時ごろ　5月上旬20時ごろ

しし座・こじし座

しし座は、白色の1等星レグルスがかがやいているので、見つけやすく、ライオンの姿も想像しやすいです。こじし座は、小さく、淡い星で形づくられているので、見つけにくい星座です。

豆ちしき　毎年11月18日ごろ、「しし座流星群」が、「ししの大がま」のあたりから出現します。

うみへび座・ろくぶんぎ座・コップ座・からす座

春の宵の南の空に長々と巨体を横たえるうみへび座は、頭から尾までが、東西100°をこえる、全天一の巨大な星座です。背にろくぶんぎ座、コップ座、からす座をのせています。

巨大なうみへび座とまわりの星座

うみへび座の大きな姿を見るには、ポイントが二つあります。一つは、星座全体を見わたせる、南の視界が開けたところで見ることです。もう一つは、星座の頭が南に現れてから、尾までの全身が現れるまでに6時間以上かかるので、時間に注意して観察することです。たとえば、5月中旬だと、午後9時ころに全身を現し、南の空に

渦巻銀河M83

うみへび座とその南のケンタウルス座の境界にある美しい渦巻銀河です。小さな望遠鏡でも見ることができます。

横たわります。うみへび座の背にのっている、ろくぶんぎ座、コップ座、からす座の3つの星座にも注目してみましょう。ろくぶんぎ座は、うみへび座の頭に近い部分にあります。六分儀とは、昔の天体観測の器具のことです。ろくぶんぎ座は17世紀のポーランドの天文学者ヘベリウスが設定した新しい星座です。星が小さくて暗く、見つけにくい星座です。うみへび座の胴体のあたりの背にコップ座とからす座があります。からす座の四辺形の星のならびは、春の宵の南の空ではよく目につくので、まずからす座の四辺形を見つけてから、その西のとなりにあるコップ座に注目しましょう。コップといっても、ジュースなどを飲むときに使うガラスのコップではなく、クラーテルという優勝カップのような形のものです。

うみへび座 全体像を見渡せるのは、4月中旬なら午後11時ころ、5月中旬なら午後9時ころです。ろくぶんぎ座、からす座、コップ座、そしてポンプ座にも注目してみましょう。

豆ちしき うみへび座の心臓にあるアルハルドは、「孤独なもの」という意味です。

51

春の星座

うしかい座・りょうけん座

2匹の猟犬をつれて、北斗七星があるおおぐま座を追いたてるように星空に描き出されたのが、うしかい座です。うしかい座とりょうけん座は別々ではなく、一体の星座として見てみましょう。

チャールズ王の心臓・コル・カロリ

コル・カロリは、りょうけん座のα星です。「チャールズ王の心臓」という意味で、ハート形に見えますが、望遠鏡で見ると二重星とわかります。

うしかい座・りょうけん座

　北の空高く上った北斗七星の弓なりのカーブを、そのまま南にのばしていくと、オレンジ色のひときわ明るい星に行き当たります。うしかい座の1等星、アルクトゥルスです。うしかい座は、このアルクトゥルスから北へ、ネクタイや、贈り物にそえる「のし」のような形の星座です。アルクトゥルスがとても明るいのは、37光年の距離でかがやいている太陽の直径の27倍もある大きな星だからです。そのオレンジ色のイメージから、日本では「麦星」という呼び名で親しまれてきました。アルクトゥルスとは、「熊の番人」という意味のギリシャ語に由来しています。その熊の番人のうしかい座がつれている2匹の猟犬のうち、星を結んで形づくられるのは南の犬のカーラだけで、北の犬のアステリオンは、形をたどれる星がありません。北斗七星とカーラの間に、アステリオンの姿をイメージしてみましょう。

▲子もち銀河M51
北斗七星の柄の先端η星のそばにある大小二つの銀河です。親子が手をつなぐ様子にそっくりなのでこの名がつきました。

球状星団M3
　うしかい座とりょうけん座の境界付近にある球状の星の大集団です。小さな望遠鏡でも存在がわかります。

★星座をさがそう★
5月上旬23時ごろ
6月上旬21時ごろ

うしかい座とりょうけん座
　春から夏にかけて宵のころの頭上に見える星座です。目印はオレンジ色にかがやく1等星アルクトゥルスです。牛飼いの巨人と2匹の猟犬が大熊を追いかける様子は、星の日周運動とともに北の空高く回り、おもしろい光景です。

豆ちしき　りょうけん座の2匹の犬は、17世紀にヘベリウスが星座として独立させました。

53

春の星座

おとめ座・かみのけ座

麦の穂をたずさえた乙女の姿を表した「おとめ座」は、農業の神デメテルとも、その娘ペルセポネとも呼ばれます。おとめ座の北に群れている淡い星が形づくるのが、かみのけ座です。

連星ポリマ

おとめ座のγ星ポリマは、同じ3.5等の明るさの星が2個ぴったりよりそった二重星です。この2つは169年周期でめぐり合う連星です。

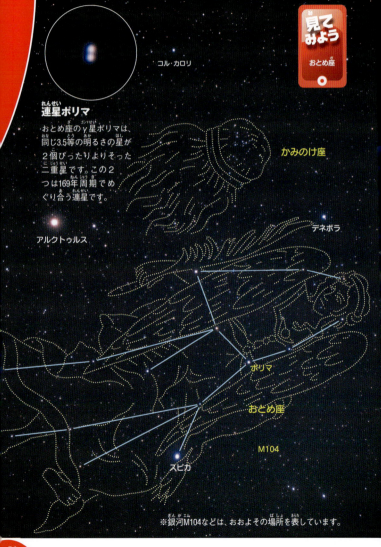

コル・カロリ

見てみよう
おとめ座

かみのけ座

アルクトゥルス

デネボラ

ポリマ

おとめ座

M104

スピカ

※銀河M104などは、おおよその場所を表しています。

おとめ座とかみのけ座

　北の空高く上った北斗七星の弓なりのカーブを、そのまま南にのばしていくと、うしかい座の1等星、アルクトゥルスをへて、南の空で白くかがやく1等星スピカにとどきます。この美しいカーブが、「春の大曲線」です。おとめ座は、春の大曲線の終点にかがやくスピカから、周囲の淡い星々を、Yの字を横に寝かせたような形にたどって、背に翼がある乙女の姿を描き出す星座です。スピカは、おとめ座の女神が手にする麦の穂先にかがやいていることから、農業の神とされています。一説には、左どなりのてんびん座の、天秤を手にする正義の女神アストラエアともされていて、正体がはっきりしていない星座でもあります。おとめ座の北に、小さな星の群れがぼんやりと形づくるのが、かみのけ座です。かみのけ座の星の群れは、280光年のところにある散開星団です。おとめ座の1等星スピカは、250光年のところにあり、肉眼では1個の星のように見えますが、2個の明るい星がめぐり合う連星です。

◀おとめ座銀河団

　おとめ座の方向におよそ6000万光年に群れる2500もの銀河大集団です。地球がある天の川銀河も、「おとめ座銀河団」の一部です。

ソンブレロ銀河M104▶

　中南米の人が愛用するソンブレロ帽に似ているところから名がつきました。距離4600万光年にあります。

★星座をさがそう★　5月上旬22時ごろ　6月上旬20時ごろ

おとめ座とかみのけ座

　明るくかがやく1等星スピカを目印にしてさがしましょう。おとめ座の北に淡い星が形づくるかみのけ座にも注目してみましょう。

豆ちしき　地球は、2000億個の星が渦巻いている「棒渦巻銀河」の中にあります。

かんむり座

　うしかい座のすぐ東どなりで、くるりと小さな半円形を描くのがかんむり座です。大きな星座ではありませんが、春から初夏にかけて、宵のころの頭上でとてもよく目につき、見つけやすいので人気があります。

かんむり座

うしかい座

アルクトゥルス

かんむり座

　7個の小さな星が、くるりと小さな半円形を描く「かんむり座」は、ひと目ですぐわかります。うしかい座の1等星アルクトゥルスと七夕の織女星ベガの中間あたりに注目しましょう。この半円形はとてもよく目につくため、日本をはじめ世界各地でいろいろなイメージでとらえられてきました。たとえば、日本では「鬼の釜」、「長者の釜」、「車星」、「太鼓星」などと呼ばれてきました。中国では牢屋の「貫索」、アラビアでは半分に欠けた「欠け皿」、ロシアでは「熊の手」、東南アジアでは魚の「エイ」などに見立てられてきました。

ロンドン・ナショナル・ギャラリー収蔵

ディオニソスとアリアドネ

　結婚した二人は毎日幸せにくらしました。後にディオニソスはアリアドネにプレゼントした宝冠を星空に上げ、かんむり座にしたと伝えられています。

★星座をさがそう★
6月上旬23時ごろ　　7月上旬21時ごろ

かんむり座

　春から初夏にかけて宵のころ、ほとんど真上に見えているので、小さい星座ですがすぐにわかるでしょう。うしかい座の1等星アルクトゥルスがよい目じるしです。

かんむり座　　アルクトゥルス　　南

豆ちしき　かんむり座のα星ゲンマの意味は「宝石」で、冠の中ほどでかがやいています。

春の星座

ケンタウルス座・おおかみ座

ケンタウルス座は、上半身が人間で下半身が馬というケンタウルス族の馬人の姿を表した星座です。長い槍でとなりにあるおおかみ座を突き刺しているので、おおかみ座にも注目してみましょう。

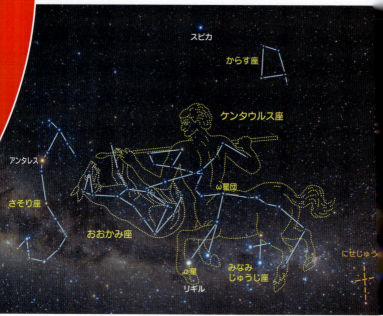

ケンタウルス座とおおかみ座の全身
日本の大部分の地方では南の地平線上に上半身しか見られませんが、南半球では頭上高く上って全身が見られます。

ケンタウルス座とおおかみ座

　ケンタウルス座とおおかみ座は、春から夏にかけての宵のころの南の地平線上に見えます。南の視界がよく開けた場所で、地平線のあたりまで透明度良く晴れ渡った晩に観察しましょう。大まかな位置の見当は、おとめ座の1等星スピカが真南にやってきたころが見つけやすいので、スピカを目印にし星をたどりましょう。ケンタウルス座とおおかみ座付近には明るめの星が多いので、上半身の姿はたどりやすいです。ケンタウルス座とおおかみ座は、南天の星座なので、南の地方ほど見やすく、沖縄付近では全身が、赤道付近では南の空高く、オーストラリアやニュージーランドでは頭上高くに見ることができます。そして馬身のあたりは南半球の明るくすばらしい天の川のかがやきの中に見えます。さらにケンタ

豆ちしき　α星の連星には11等の小さな赤い星プロキシマが回っていて、その周囲には惑星

58

ウルス座の前足にはαとβの2個の1等星がならんでかがやき、後ろ足の近くには「南十字星」が入りこんでいます。日本国内の大部分の地方では、すばらしい馬人の下半身の部分が見られませんが、チャンスがあったら南半球でぜひ見てみたい星座です。

ケンタウルス座のα星

ケンタウルスの前足にかがやく1等星のα星は、地球に最も近い恒星で、4.3光年のところにあります。二つの明るい星がめぐり合う連星です。

ケンタウルス座ω星団

ケンタウルス座の腰のあたりにある星の大集団のω星団は、双眼鏡でも星のつぶがわかります。昔は3等の星と考えられていたので、ωという星の記号がつけられました。

★星座をさがそう★

5月上旬23時　6月上旬21時

ケンタウルス座

春から初夏にかけて宵の南の地平線上に上半身だけが見える星座です。沖縄県付近ではその全身を見ることができ、その馬身の足の間に「南十字星」が見えます。

がいくつかめぐっているのがわかっています。

夏の星座

　夏休みを利用して夜空の高く澄んだ高原などへ出かけてみましょう。ふだんは見ることができない天の川や飛び交う流れ星などを楽しむ星座ウォッチングは、夏ならではの楽しみです。下の星座図は、夏の空全体の様子を示したもので、円の中心のあたりが「天頂」、頭の真上に当たります。夜空が街灯などで明るい市街地などでは、淡い星や天の川などが見えない場合があります。

夏の全天の星座

見える時刻

6月5日	午前1時ころ
6月20日	午前0時ころ
7月5日	午後11時ころ
7月20日	午後10時ころ
8月5日	午後9時ころ
8月20日	午後8時ころ

光度
- 1等星
- 2等星
- 3等星
- 4等星
- 5等星
- 変光星

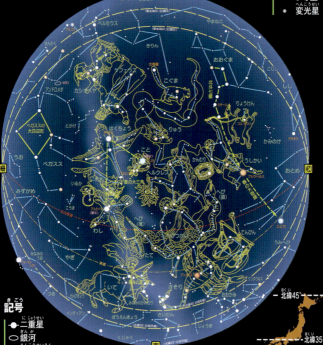

記号
- 二重星
- 銀河
- 散光星雲
- 散開星団
- 球状星団

　星空が見える範囲は、緯度によってちがいます。星座図にはちがいが示してあります。

北緯45°
北緯35°
北緯25°

豆ちしき　星座図と実際に星空を見上げている場所での方位を合わせて、星座をさがしてみよう。

夏の星座のさがし方

まず3個の1等星が形づくる「夏の大三角」をさがしましょう。七夕の織姫星ベガと牽牛星アルタイル、そしてはくちょう座の尾にかがやくデネブの3個です。天の川が見える場所なら、「夏の大三角」から南にのびる天の川のまわりにある星座が見つかります。また、さそり座の真っ赤なアンタレスも目印になる1等星です。

62〜63

夏の南の空の星座

8月1日ごろ：午後9時ごろ
8月15日ごろ：午後8時ごろ
8月30日ごろ：午後7時ごろ

天頂　**西**　**南**　**東**

おとめ座／アルクトゥルス／うしかい座／かんむり座／ヘルクレス座／こと座／ベガ／へび座（頭部）／てんびん座／へびつかい座／さそり座／アンタレス／おおかみ座／へび座（尾部）／いて座／わし座／アルタイル／や座／たて座／みなみのかんむり座／けんびきょう座／はくちょう座／いるか座／こぎつね座／こうま座／ペガスス座／みずがめ座／やぎ座／みなみのうお座／フォーマルハウト／らしんばん座／うみへび座／黄道／天の赤道／天の川

夜空の暗く星のよく見える場所へ出かけるチャンスが多い夏休みは、真南の空でひときわ明るくさそり座の中では、あまり見ることができないからです。天の川を通じて夏の天の川に注目してみましょう。夜空の明るい街がひときわ幅広くなった南の空低く、東西にさそり座といて座がならんでいます。

豆ちしき 四季を通じて夏の天の川が一番明るいです。

さそり座

真夏の日暮れどき、南の空に目を向けると、真っ赤な1等星アンタレスを中心に大きなSの字形のようにならぶ星々が目にとまります。真冬のオリオン座とともに、形が美しい星座として人気のあるさそり座です。半身が明るい夏の天の川の中にひたっているのも印象的です。

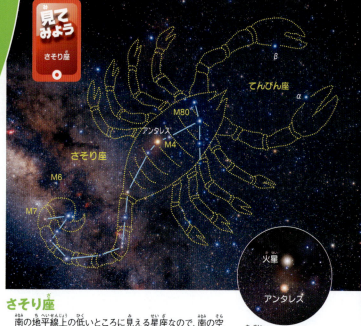

さそり座

南の地平線上の低いところに見える星座なので、南の空の視界が低空までよく見わたせるような場所で観察しましょう。さそり座の一番の目印は、心臓の位置にかがやく真っ赤な1等星アンタレスです。赤く明るい星は、近くにはないので、夏の南の空で明るく赤くかがやく星を見つけたらアンタレスと思ってまずまちがいはありません。アンタレスさえ見つければ、S字形のさそり座の星のつらなりはすぐにわかります。さそり座のアンタレスの近くには、しばしば明るい惑星がやってきてならび、人目をひくことがあります。なかでも真っ赤な惑星「火星」が近づくと、まるで赤さくらべをしているように見えます。アンタレスの名は「火星に対抗するもの」という意味のアンチ・アーレス（火星の敵）からきています。

火星とアンタレスの接近

さそり座の真っ赤な1等星アンタレスのすぐ近くに赤い惑星の火星がやってきてならび、まるで赤さくらべをしているように見えることがあります。

豆ちしき　アンタレスは、太陽の直径の720倍もある赤色超巨星です。色が赤いのは、表面

散開星団M6とM7

さそり座の毒針の尾の部分は、夏の天の川にひたっています。双眼鏡で見ると、小さな星々の中に二つの散開星団がわかります。

球状星団M4

アンタレスのすぐそばにあります。球状星団としては比較的まばらな星の集団なので、小さな望遠鏡でも星つぶの集まりとわかります。さそり座付近にはたくさんの球状星団があります。

球状星団M80

アンタレスの近くにある小さめの星の大集団です。小さな望遠鏡では星つぶが密集した様子まではわかりません。

★星座をさがそう★

7月上旬22時ごろ　8月上旬20時ごろ

さそり座

赤くかがやく1等星アンタレスを目印にさがしましょう。アンタレスからサソリの尾の方に曲線を描く星は見つけやすいでしょう。

温度が、星としては低めの3500℃くらいしかないからです。

いて座・みなみのかんむり座

夏の天の川は、宵のころ南の低い空で、ひときわ明るく幅広くなります。その夏の天の川の一番明るくなったところに身をひそめているのが、「いて座」です。上半身が人間で下半身が馬といいうケンタウルスの馬人ケイロンが弓を射る姿を表しています。いてとは「射手」のことです。

いて座とみなみのかんむり座

半人半馬の怪人の姿を表した「いて座」と似た星座に、初夏のころ南の地平線上に見える「ケンタウルス座」があります。いて座になっている馬人は、ケンタウルス族の乱暴な馬人とは大ちがいの、ギリシャ神話第一の教育者とされるほどの賢人ケイロンだと言われます。弓に矢をつがえ、さそり座の真っ赤な1等星アンタレスにねらいを定める射手の姿は、夏の明るい天の川の中に半ばうもれるようにして描き出されています。いて座のあたりで天の川がひときわ明るく幅広いのは、地球をふくむ大集団「天の川銀河」の中心がこの方向にあるためです。みなみのかんむり座は、いて座のすぐ南に接して半円形を描く小さな星座です。

南斗六星

南斗六星は、夏の宵に南の空の天の川の中に見えます。同じころ、北西の空にひっくり返って見える北斗七星より大きさも明るさも一まわり小さいので、見つけにくいかもしれません。南斗六星は、西洋では天の川（ミルキー・ウェイ）のミルクをすくうさじという意味で「ミルク・ディッパー」と呼ばれています。

豆ちしき　北の空のうしかい座のそばにある「かんむり座」は、「みなみのかんむり座」と区

いて座の星雲と星団
　南斗六星の近くには、散開星団と散光星雲が重なっている干潟星雲M8など、注目したい星団や星雲があります。

干潟星雲M8
　南斗六星のすぐ西よりの天の川の中にある明るく大きく広がった散光星雲で、いて座付近の一番の見ものです。

三裂星雲M20
　M8のすぐ北にある散光星雲で中ほどに暗黒の裂け目があるためこの呼び名があります。望遠鏡で観察してみましょう。

★星座をさがそう★
7月中旬23時ごろ　8月中旬21時ごろ

いて座とみなみのかんむり座
　夜空の明るい市街地では、天の川が見えにくいので、高原や海辺に出かけたときに観察しましょう。

別するために「北のかんむり座」と呼ばれることもあります。

夏の星座

てんびん座

正義の女神アストラエアが手にたずさえている善悪を裁くためのこの天秤は、さそり座の真っ赤な1等星アンタレスと、おとめ座の白色の1等星スピカのほぼ中間あたりにあります。

見てみよう
てんびん座

てんびん座
目につくのは「く」の字を裏返したような形に3個の星がならんでいる部分です。

てんびん座

β星

α星

アンタレス

肉眼二重星α
てんびん座の裏返しの「く」の字の折れ曲がりにあるα星です。肉眼でも2.9等と5.3等の大小二つの星がくっついたように見える二重星だとわかります。

アストラエアの像
善悪をはかる天秤と悪を裁く剣を手に持つ女神の姿です。

てんびん座

　夏の宵の南の空低く、大きなS字のカーブを描くさそり座の姿は、頭とはさみのあたりが、少しつまったように見えます。古代ギリシャのころまでは、てんびん座はさそり座の一部だったといわれ、そのなごりとしててんびん座のα星にはズベン・エル・ゲニブ「南のつめ」、β星にはズベン・エル・シャマリ「北のつめ」という名がつけられ、今でも使われています。さそりの二つのつめをてんびん座のα星とβ星までのばしていくと、つまったさそりの姿がのびのびと見えてくることでしょう。星座名は別々ですが、さそり座とてんびん座を一体の星座と見て楽しむのもよいでしょう。

★星座をさがそう★
7月上旬22時ごろ
8月上旬20時ごろ

てんびん座

アンタレス

さそり座

南

てんびん座　夏の宵の南の空では、さそり座のS字のカーブとてんびん座をくっつけてみると、昔のさそり座の姿がさらに雄大なものに見えてくることでしょう。

豆ちしき　誕生星座にもあたる黄道12星座は、てんびん座、みずがめ座以外は生物の星座です。

夏の星座

ヘルクレス座

　ヘルクレス座は、ギリシャ神話で大活躍する英雄です。3等星より暗い星ばかりなので、夏の宵のころ、頭上で見つけ出すのは少しむずかしいかもしれません。

球状星団M13
　ヘルクレス座の腰のあたりにある美しい球状星団です。星つぶの大集団を観察するには大きな望遠鏡が必要です。

ヘルクレス座　こと座のベガとかんむり座の半円形の間を注意して観察してみましょう。

豆ちしき　球状星団M13にいるかもしれない宇宙人に向け、1974年に絵手紙の電波が発信さ

ヘルクレス座

　ヘルクレス座は、昔から「エイドローン（まぼろし）」とも呼ばれていたくらいですから、夜空の明るい市街地でその姿をたどるのはむずかしいでしょう。しかし、夜空の暗く澄んだ高原などではわかりやすいので、全身像がたどれます。目印はヘルクレス座の頭にあたるα星と、へびつかい座の頭にあたるα星の大小二つの星がならんでいるところと、ヘルクレスの胴体にあたる中ほどにあるへこんだH形の星のならびです。

ヘルクレスの像
　12回もの危険な大冒険をやってのけたギリシャ神話第一の英雄です。彼に退治されたものの多くが星座になっています。

★星座をさがそう★
7月上旬22時ごろ　8月上旬20時ごろ

ヘルクレス座
　初夏のころ、東の空から上りはじめたヘルクレス座は横になって見えていますが、頭上に上り、南に立って見上げると逆さまのかっこうで見えることになります。

れました。もし、返事がくるとしても5万年後になります。

へびつかい座・へび座・りゅう座

へびつかい座にからまる大蛇がへび座です。この蛇つかいは、蛇をあやつる人とはちがい、ギリシャ神話第一の名医アスクレピウスで、蛇は健康のシンボルです。

球状星団M10
へびつかい座の中ほどにあります。

へびつかい座とへび座

夏の宵の南の空に大きく立ちはだかるのが、へびつかい座とへび座の姿です。へびつかい座は、全体としては大きな将棋の駒のような五角形のように星を結びつけますが、明るい星が少ないので、星をひとつひとつたどるようにしなければなりません。まず目につくのは、頭のところにかがやく2等星の「ラス・アルハゲ」です。その名の意味は「へびつかいの頭」でヘルクレス座の頭の「ラス・アルゲティ」とならんで目をひきます。このへびつかい座に大きな蛇がからみついていて、さらにそのへび座は、頭と尾がはなればなれになっています。大蛇の頭はかんむり座の近くまでのびていますが、尾の方は夏の明るい天の川の中にのびています。

夏から秋にかけての宵の西空には、へびつかい座とヘルクレス座、それにうしか

りゅう座

　りゅう座は北極星をぐるりとかこむように星のつらなる星座なので、一年中いつでも北の空で見ることができます。北の空高く上って見ごろとなるのは、初夏の宵のころとなります。この竜は、大神ゼウスとヘラ女神の結婚祝いに神々が贈った黄金のリンゴの木を守っていた見張り番役で、夜も昼も寝ずに見守っていました。ところが、あるときうっかり居眠りをしてしまい、

そのすきにヘルクレスにリンゴをぬすまれてしまいました。しかし、長年の見張り番役に免じて星座にしてもらい、天の北極にとぐろをぐるりと巻きつけ、今も眠りこけていると言われます。

★星座をさがそう★　7月上旬22時ごろ　8月上旬20時ごろ

へびつかい座とへび座

　へびつかい座の頭にかがやくα星ラス・アルハゲは2等の明るい星です。ベガとアルタイルを結んだ線を底辺とする三角形を描くとその頂点に見えているので、よい目印となります。

★星座をさがそう★　7月上旬22時ごろ　8月上旬20時ごろ

りゅう座

　現在の北極星は、こぐま座のα星ですが、北極星役をになう星もうつり変わります。5000年前のエジプトでピラミッドが建設されていたころの北極星は、りゅう座のα星トゥバンでした。

い座の3人の巨人の星座が見えるので、注目してみましょう。

73

こと座

ギリシャ神話の竪琴の名手オルフェウスがたずさえ愛用した琴を表したのが「こと座」です。明るい1等星ベガがかがやく星座で、夏の夜の頭上にかかる姿はひと目でわかります。

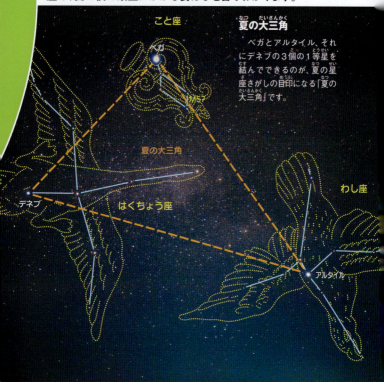

夏の大三角
ベガとアルタイル、それにデネブの3個の1等星を結んでできるのが、夏の星座さがしの目印になる「夏の大三角」です。

こと座と夏の大三角

　夏の夜の女王のかがやきにたとえられるのが、こと座の1等星ベガです。こと座は小さな星座ですが、ベガのおかげで存在感のある星座です。そのベガとわし座のアルタイル、はくちょう座のデネブの3個の1等星を結びつけたのが「夏の大三角」です。明るい3個の星で形づくる大きな三角形は、夏の夜の頭上にかかり、市街地でもひと目でそれとわかるほどです。夜空の暗く澄んだ高原などでは、三角形の中ほどを夏の天の川が横切っていて美しいながめとなります。三角形のうち、こと座のベガは七夕の織女星の呼び名でおなじみで、日本では織姫星とも呼ばれてきました。わし座のアルタイルは牽牛星で彦星の呼び名で親しまれてきました。はくちょう座のデネブは「尾」という意味の呼び名で、名前の通り白鳥の尾にかがやいています。

豆ちしき 夏の大三角のうちベガは25光年、アルタイルは17光年と近い星ですが、デネブは

環状星雲M57

β星とγ星のほぼ中間にあるドーナツのような形をした惑星状星雲で、小さな望遠鏡でもリング状の姿がわかります。太陽くらいの重さの星の最期の様子で、太陽も50億年後にはこんな姿となって一生を終えると考えられています。

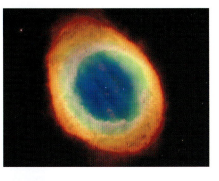

こと座ε星は二重星

1等星ベガのすぐ近くにあるε星は、肉眼でも二重星だとわかりますが、望遠鏡だとそれぞれがまた二重星だとわかるので「ダブル・ダブル・スター」とも呼ばれます。

ベガとアルタイルの距離

ベガとアルタイルの距離は実際には約15光年あります。光のスピードでも、15年近くかかるので、星座のベガとアルタイルが毎年会うことはむずかしいと言えるでしょう。

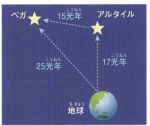

★星座をさがそう★
8月中旬22時ごろ
9月中旬20時ごろ

こと座

1等星のベガは、日本では夏の夜更けごろ、ほとんど真上に見えます。明るくかがやくベガの近くの小さな星が形づくる平行四辺形の姿を見つけると、西洋の竪琴の形がイメージできます。

1400光年とものすごく遠い星です。

わし座

わし座の1等星アルタイルは、七夕の牽牛星としておなじみの明るい星です。天の川をはさんでかがやくこと座の織女星ベガとペアの星としてながめるのがよいでしょう。

わし座と周辺

わし座のアルタイルの近くには、や座といるか座があります。小さいけれどとても形がわかりやすい星座です。

わし座と天の川

わし座で目につくのは、1等星アルタイルとすぐその両わきに接する2つの星だけです。あとは、夏の天の川に見える小さな星々を結びつけて、翼を大きく広げて飛ぶ鷲の姿をイメージしましょう。この大鷲は大神ゼウスの使い鳥として、ゼウスの雷電の矢を運んだり、下界のさまざまなニュースを伝えたりする役目を果たしたと言われています。ところで、アルタイルの名はアラビア語で「飛ぶ鷲」、こと座のベガは「落ちる鷲」という意味の名前です。これは、アルタイルと両わきの2つの星を結んだ小さな直線のならびを、翼を広げて砂漠の上空を飛ぶ鷲の姿に見立て、ベガとすぐそばの星がつくるV字形を、つばさをたたんで急降下する鷲の姿に見立てた名前なのです。七夕の牽牛と織女といい、ベガとアルタイルは世界中でペアの星だと見られていたことがわかります。

豆ちしき わし座の大鷲は、秋の星座のみずがめ座の美少年ガニメデスをさらったとき、大

牽牛星アルタイル

　明るさは0.8等星で、全天21個ある1等星の中で12番目に明るい星です。太陽の直径の2倍の大きさで、自転周期が速いため、平べったい形をしています。

織女星ベガ

　明るさは0.03等星で、全天21個ある1等星の中で5番目に明るい星です。表面の温度は太陽の5500℃よりもずっと高く、1万℃もあるため、青白くかがやいて見えます。

惑星状星雲NGC6781

　惑星状星雲は、太陽くらいの重さの星が一生を終えるときに表面のガスがはがれ飛び去るときの姿です。太陽も50億年後にはこのような惑星状星雲になるだろうと言われています。

★星座をさがそう★　8月中旬22時ごろ　9月中旬20時ごろ

わし座

　わし座のアルタイルとこと座のベガの間には明るい夏の天の川が横たわっています。夏休みに、夜空の暗く澄んだ高原などに出かけて天の川を見てみましょう。

神ゼウスが変身したものだとも言われています。

夏の星座

はくちょう座

　夏の星座さがしの目印、「夏の大三角」の中に、長い首をつっこむようにして十文字の星のならびで表されています。翼を大きくはばたいて天の川の中を飛ぶ白鳥の姿です。

はくちょう座付近
　はくちょう座の近くには、鳩をくわえた「こぎつね座」やキューピッド（エロス）の矢を表した「や座」などの小星座があります。

豆ちしき　宮沢賢治の童話「銀河鉄道の夜」の物語は、はくちょう座の十文字から南半球の

はくちょう座

白鳥の尾にかがやくデネブは、アラビア語の「めんどりの尾」を意味する言葉からきている名前です。デネブは距離1400光年にある星で、太陽の直径の20倍もある青白色の超巨星です。太陽の5000倍の明るさでかがやいています。夏の大三角のうち、こと座のベガが25光年、わし座のアルタイルが17光年という近さにあるので、デネブだけがかなり遠くにあることになります。ちなみに、デネブから太陽を見ると、12等星というかすかな明るさなので、肉眼では見ることができません。

はくちょう座のブラックホール

超重量級の星が一生の終わりに超新星の大爆発を起こしたりしてできるのが、ブラックホールと呼ばれる天体です。光さえ出てこられないので、その姿は直接見ることができません。しかし、周辺の星からブラックホールの存在を知ることができ、その有力候補が白鳥の長い首のあたりの「Cyg X 1」です。

北アメリカ星雲NGC7000

1等星デネブのすぐそばには、北アメリカの形に似た散光星雲があります。とても淡いですが、デネブのあたりの天の川の中に、肉眼で見ることができます。

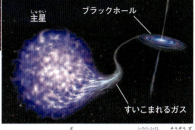

はくちょう座のブラックホールCyg X 1の想像図

★星座をさがそう★ 8月上旬0時ごろ　9月上旬22時ごろ

はくちょう座とこぎつね座

東から上るはくちょう座の十文字は、ジェット機が上昇していくような姿に見えます。こぎつね座は、淡い星なので、小狐の姿はわかりにくいです。

南十字星まで、二人の少年が列車で旅する物語です。

こぎつね座・や座・いるか座・たて座

夏の大三角付近の夏の天の川には、こぎつね座、や座、いるか座、たて座などの小さな星座があります。ふだん注目されることの少ない、これらのミニ星座たちにも注目してみましょう。

あれい状星雲 M27

その形が鉄亜鈴(ダンベル)に似ていることから、この名がつきました。小さな望遠鏡でも見ることができます。

こぎつね座とや座

こぎつね座は、17世紀ポーランドの天文学者ヘベリウスが新しくつくった星座です。ヘベリウスはそれを「小狐と鵞鳥」または「鵞鳥を持つ小狐」と名づけましたが、今では「こぎつね座」とだけ呼ばれています。そのこぎつね座のすぐ南に接して、「や座」があります。こぎつね座より形がはっきりしているので、小さいわりには目立ちます。この矢の持ち主は、愛の神エロスで、この矢に射られると、神々でさえ恋心をいだいたと伝えられています。背中に翼の生えた小さなエロスは、人々のまわりを飛び、散々いたずらをしたと言われます。

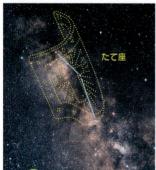

たて座

いて座の明るい天の川のうねりが一段落した北側に、もうひとつそれよりも小さめの天の川の盛り上がりが見えます。この部分にあるたて座は、盾の形は星が淡いためほとんどわかりません。この星座は、17世紀ポーランドの天文学者ヘベリウスがトルコの大軍を打ちやぶったソビエスキーの盾を記念して星座としたものです。

豆ちしき 夏の天の川には、突然星が現れることがあります。星の爆発現象によるもので、

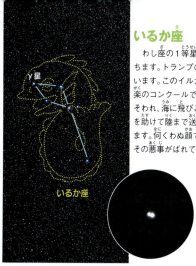

いるか座

いるか座

わし座の1等星アルタイルのすぐ東にあり、よく目立ちます。トランプのダイヤの形のように星がまとまっています。このイルカは、ギリシャ神話では、アリオンが音楽のコンクールで優勝し、その船での帰り道に海賊におそわれ、海に飛びこんでにげようとしたときに、アリオンを助けて陸まで送りとどけてくれたイルカだとされています。何くわぬ顔で港にもどってきた海賊の船長たちは、その悪事がばれて、たちまちとらえられたのでした。

いるか座γ星

顔のところにあるγ星を望遠鏡で見ると、オレンジ色の4.5等星と青緑色の5.4等星がぴったりと寄りそう二重星のペアだとわかります。

★星座をさがそう★　たて座

8月上旬22時ごろ　9月上旬20時ごろ

夏の明るい天の川が、いて座のあたりでとくに太く明るく見える部分のすぐ北の盛り上がったところにあります。しかし星がとても淡いので、たどりにくい星座です。

★星座をさがそう★　や座、いるか座

8月上旬23時ごろ　9月上旬21時ごろ

形がはっきりとしています。目印は、夏の大三角の一角にかがやくわし座の1等星アルタイルで、見つけやすいです。

「新星」です。見つけたら国立天文台に通報しましょう。

秋の星座

秋の空には、ほかの季節とちがい、古代エチオピア王家にまつわる星座神話に登場する人物の星座が見られます。北の空高く上ったカシオペヤ座から、いろいろな星座をたどっていきましょう。下の星座図は、秋の空全体の様子を示したもので、円の中心のあたりが「天頂」、頭の真上に当たります。明るく目につく星が少ないので、注意して観察しましょう。

秋の全天の星座

見える時刻

9月5日　午前1時ころ	10月20日　午後10時ころ
9月20日　午前0時ころ	11月5日　午後9時ころ
10月5日　午後11時ころ	11月20日　午後8時ころ

光度
- 1等星
- 2等星
- 3等星
- 4等星
- 5等星
- 変光星

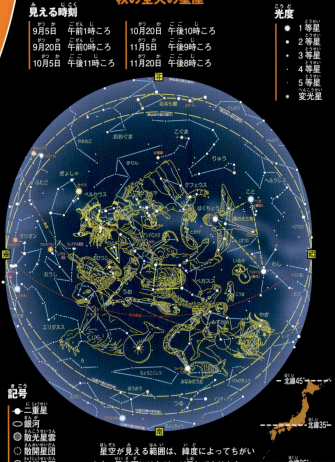

記号
- 二重星
- 銀河
- 散光星雲
- 散開星団
- 球状星団

星空が見える範囲は、緯度によってちがいます。星座図にはちがいが示してあります。

----- 北緯45°
----- 北緯35°
----- 北緯25°

豆ちしき　星座図と実際に星空を見上げている場所での方位を合わせて、星座をさがしてみよう。

秋の星座のさがし方

淡い光の秋の星座を見つけるために、まず「ペガススの大四辺形」をさがしましょう。「ペガススの大四辺形」の東側の一辺を北にのばしていくと、カシオペヤ座が見つかります。W字形の星のならびは、北の空高くかかり、一目でわかります。「ペガススの大四辺形」の各辺や対角線を延長すれば、いろいろな星座が発見できます。

秋の夜空の1等星は、南の空低くにぽつんと光るフォーマルハウトだけです。

星空の秋

秋の北の空の星座

11月1日ころ：午後9時ごろ
11月15日ころ：午後8時ごろ
11月30日ころ：午後7時ごろ

北極星を見つけ出す手がかりになる北斗七星は、北の地平線低く下がっているので、カシオペヤ座がそのかわりの役目をしてくれます。カシオペヤ座のW字形から北極星を見つけ出す方法をしっかりマスターしておきましょう。北西の空には、夏の大三角が見えています。

見どころ アンドロメダ座のアンドロメダ座大銀河M31も秋の夜空の見ものです。

秋の南の空の星座

11月 1日ごろ：午後9時ごろ
11月15日ごろ：午後8時ごろ
11月30日ごろ：午後7時ごろ

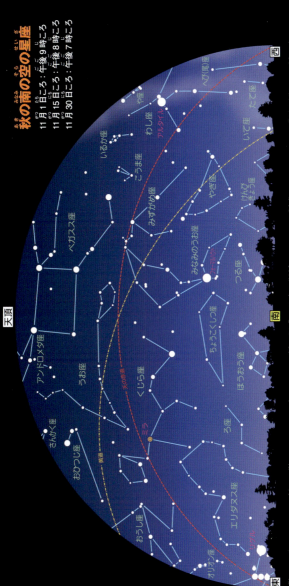

秋の夜空には、目をひくほどの明るい星がありません。秋の星座の位置の見当をつけるのに役立つのがペガススの大四辺形です。秋の夜空では、まず星空を真四角にしきるような大四辺形を見つけ出しましょう。真南の空低くには、秋の夜空のただひとつの1等星フォーマルハウトがあります。

豆ちしき くじら座のミラは、332日の周期で、大きさ明るさを変える長周期変光星です。

カシオペヤ座

秋の宵の北の空高く、淡い秋の天の川の中に、5個の星がW字形にならんでいます。秋の星座神話劇のきっかけをつくった古代エチオピア王国の妃の姿を表したカシオペヤ座です。

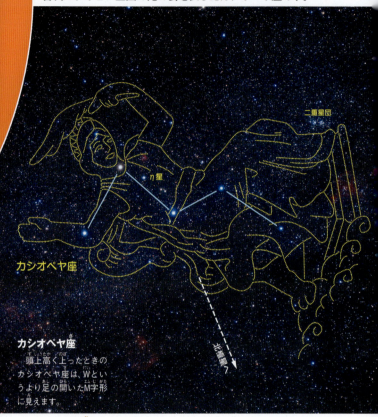

カシオペヤ座
頭上高く上ったときのカシオペヤ座は、Wというより足の開いたM字形に見えます。

カシオペヤ座

真北の方角を教えてくれる北極星を見つけるとき、目印として有名な星のならびは北斗七星ですが、秋の宵のころは、北斗七星は北の地平線低く下がっていて、見つけるのがむずかしくなっています。そこで、秋の宵の場合は、北の空高く上って見つけやすくなっているカシオペヤ座のW字形を利用して北極星を見つけてみましょう。北斗七星とカシオペヤ座のW字形は、北極星をはさんでほぼ正反対に位置しているので、一方が北の地平線低く下がって見つけにくくなっていても、もう一方は北の空高く上っているので、北極星さがしのよい目印となってくれます。

豆ちしき ティコの新星の位置には、現在も大爆発の痕跡といえる残骸があり、カシオペヤ

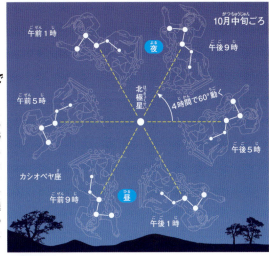

カシオペヤ座で時刻を知る

春の北斗七星と同じように、秋のカシオペヤ座のW字形が北極星をめぐる様子からおよその時間がわかります。カシオペヤ座のW字形が北極星をめぐる時計の針の長針がわりに使えるからです。

連星のカシオペヤ座 η星

W字形のα星のすぐ近くにあるη星は、望遠鏡で見ると3.5等星と7.5等星の大小二つの星がぴったり寄りそう二重星だとわかります。周期480年でめぐり合う連星です。

★星座をさがそう★

カシオペヤ座

北極星のまわりをめぐっているので、一年中いつでも北の空のどこかに見えます。宵のころ北の空高く上り見やすくなるのは、秋からさにかけてのころになります。

Bと呼ばれる電波源にもなっています。

ケフェウス座

ケフェウス座は、古代エチオピア王国（今のエチオピアではありません）のケフェウス王の姿を表した星座で、五角形の星のならびをしています。子どもが描く五角形の家のような形です。

ケフェウス座

ケフェウス座の目印は北極星で、秋の宵のころにはその北極星の真上にさかさまに立つようなかっこうで見えます。すぐ近くのカシオペヤ王妃のW字形がはっきりとわかりやすいのに対し、ケフェウス座は見なれるまでは見つけにくいです。それもそのはず、秋の星座神話劇の中ではただうろたえあわてるばかりで、影がうすい星座と言われても仕方ないのかもしれません。しかし、国王なのでまず最初にその姿を見つけ出す必要があると言えます。

二重星δ

ケフェウス王の顔にあるδ星は、変光星です。望遠鏡で見ると、二重星だとわかります。

豆ちしき　天の川は、夏の夜空では明るく幅広いので目立ちます。秋のケフェウス座からカ

散開星団M52

W字形は、秋の天の川にひたっているので、小さな望遠鏡で見ても、興味深い星雲や星団がたくさんあることがわかります。M52もそのうちの散開星団のひとつです。

星の大きさと明るさの変化のグラフ

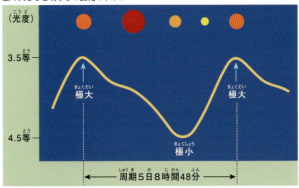

変光星δの明るさの変化

星自身が規則的にふくらんだり、ちぢんだりしながら、5日と8時間48分の周期で、3.5等星から4.5等星まで明るさを変えているのが「ケフェウス座δ星型変光星」です。このタイプの星は、周期が同じなら本当の明るさはどれもみな同じという性質があり、これを利用してはるか遠くにある銀河などの距離を知ることができます。宇宙の灯台役のような役割をしてくれるので、天文学的にとても重要な星です。アンドロメダ座銀河M31などの距離も銀河にふくまれる変光星の変光の様子からわかりました。

★星座をさがそう★ 10月上旬22時ごろ　11月上旬20時ごろ

ケフェウス座

淡い星のため、夜空の明るい市街地では見つけにくいです。北極星の近くにあるので、一年中いつでも北の空に見え、夜空の暗く澄んだ場所でなら見つけるのはむずかしくはありません。

シオペヤ座付近にも淡いながらのびています。

秋の星座

ペルセウス座

　長剣を振りかざし、退治したばかりの妖怪メデューサの首をわしづかみにした勇士ペルセウス王子の姿は、カシオペヤ座のＷ字形に続く秋の淡い天の川の中に見えます。

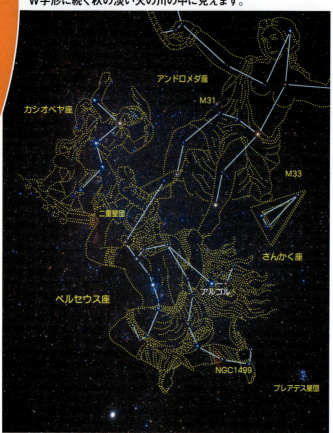

ペルセウス座

　ある日のこと、ペルセウスは島の王ポリュデクテスの誕生祝いの席にまねかれました。貧しいペルセウスがプレゼントもなく手ぶらでやってきたのを見て、王や出席した人々はあざけりの目を向けました。「あのメデューサの首でもさしあげましょうか」ペルセウスはきっぱり言い放ちました。かくてペルセウスは見事メデューサを退治し、アンドロメダ姫のお化けクジラからのピンチも救い、アンドロメダ姫と島への帰りを急ぎました。ところが、王宮に帰ると母の姿が見当たりません。母はポリュデクテス王の乱暴からのがれるために身をかく

豆ちしき　夏休みの8月12日から13日ごろをピークに、流星群としては一年中で一番活発な

していたのです。怒ったペルセウスは足音あらあらしく王宮のおくへ向かい、王とそのとりまきの家来たちに、「おい、これがお望みのメデューサの首だ」と高々とかかげました。メデューサの顔を見たものは、恐ろしさのあまりたちまち石になってしまいます。王と家来たちは、声をあげる間もなく、石になってしまったのでした。(6、7ページ)

二重星団
ペルセウス座の長剣の柄のところにある二つの散開星団がぴったりと寄りそっているもので、小さな望遠鏡でもよくわかります。

カリフォルニア星雲NGC1499
ペルセウス王子の足もとにある散光星雲で、アメリカのカリフォルニアの地形に似ているので名づけられました。肉眼では見えません。

アルゴルの明るさの変化
妖怪メデューサのひたいにかがやくアルゴルは「悪魔の頭」というアラビア語に由来する呼び名です。規則正しく明るさを変える変光星として知られています。大小二つの星が回りながら、お互いかくしたり、かくされたりしながら2日と20時間59分の周期で2.1等から3.4等まで明るさが変化して見えます。このタイプの変光星のことを「食変光星」と言います。

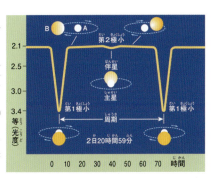

★星座をさがそう★ 12月中旬22時ごろ 1月中旬20時ごろ

ペルセウス座
秋の宵のころ、北の空高く上ります。秋の淡い天の川の中に見えますが、明るい星が多めなので、見つけやすいでしょう。カシオペヤのW字形とぎょしゃ座の1等星カペラの間に見えます。

「ペルセウス座流星群」が出現するので注目しましょう。

秋の星座

アンドロメダ座・さんかく座

あわれなアンドロメダ姫が、海岸の岩につながれた姿を表したのが、アンドロメダ座です。姫の頭にあたる星は「ペガススの大四辺形」の北東の角の星とつながっています。

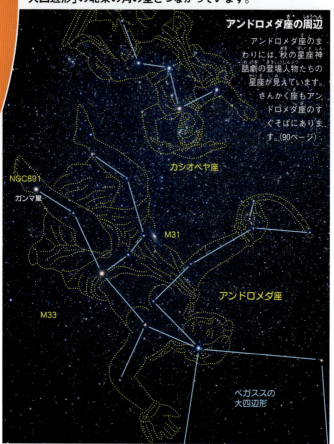

アンドロメダ座の周辺

アンドロメダ座のまわりには、秋の星座神話劇の登場人物たちの星が見えています。さんかく座もアンドロメダ座のすぐそばにあります。(90ページ)

アンドロメダ座・さんかく座

アンドロメダ姫が海岸の岩にいかりでしばりつけられた姿は、秋の星座さがしの目印「ペガススの大四辺形」の北東角の星からつらなっていて、V字形に開いた二列の星のならびで描き出されています。天馬ペガススの胴体にあたる星のひとつは、アンドロメダ姫の頭にあたる星で、アンドロメダとペガススの両星座は一体となっており、いつも同じ星空に見えます。ですから、東から上るときは、アンドロメダ座はペガススの大四辺形に引きずられ

豆ちしき　アンドロメダ座の頭の星はアルフェラッツという名前で、意味は「馬のへそ」です。

るように現れ、西へしずむときも大四辺形に引きずられるようにしてしずんでいきます。アンドロメダ座のすぐそばに見えるさんかく座は、3個の星で描く小さな三角形の星座です。形がはっきりとしているので、よく目につき、わかりやすい星座で、古代ギリシャ時代からありました。(90ページ)

アンドロメダ座γ星

アンドロメダ座の足もとにあるガンマ星は、色合いの美しい二重星として知られています。オレンジ色の2.3等星と、黄色の5.1等星の大小のペアです。

双眼鏡で見た渦巻銀河M33

さんかく座の一番の見ものは、アンドロメダ座との中間あたりにある淡い渦巻銀河M33です。双眼鏡でぼんやりと広がった姿を見ることができます。

大望遠鏡で見た渦巻銀河M33

大きな望遠鏡で写真に写すと、渦巻銀河の姿がはっきりとらえられます。距離は250万光年です。

渦巻銀河NGC891

アンドロメダ座の足もとの近くにある銀河で、渦巻銀河を真横からながめているものです。地球がある天の川銀河も真横から見るとこのように細長くのびた姿に見えることでしょう。

★星座をさがそう★ 9月上旬22時ごろ 10月上旬20時ごろ

アンドロメダ座・さんかく座

アンドロメダ座が東から上る様子です。下にはさんかく座が続いて上ってきます。アンドロメダ座の頭の星は、ペガススの大四辺形の星のひとつなので、大四辺形からもたどることができます。

天馬ペガススの大四辺形からきている名前です。

ペガスス座・こうま座・とかげ座

秋の宵の頭上高く、星空を真四角に仕切るように、4個の星がならんでいるのが見えます。空を飛ぶ天馬ペガススの胴体の部分を形づくる「ペガススの大四辺形」の星のならびです。

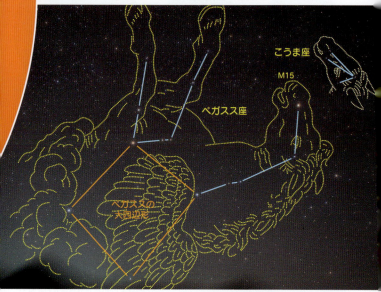

ペガスス座とこうま座

ペガスス座の胴体の部分にあたる「ペガススの大四辺形」は「秋の大四辺形」などとも呼ばれ、秋の淡い星座をさがすときに役立ちます。四辺形の各辺をのばすと、星や星座の位置の見当がつけやすくなります。ただ、「冬の大三角」や「夏の大三角」のように一目でそれとわかるほど星が明るくないので、見なれておく必要があります。ペガススの大四辺形さえたどることができれば、天馬ペガススの姿はすぐに見つかります。しかし夜空では天馬はさかさまのかっこうになっていて、下半身は雲にかくれて見えないとされているので、イメージするのが少しむずかしいかもしれません。こうま座はペガススの顔に重なるようにして、頭だけが見えている星座です。

ペガスス座の周辺

ペガスス座の鼻先には、ペガススの弟馬とされるこうま座の小さな姿があります。

球状星団M15

ペガススの鼻先にある星の大集団で、双眼鏡ならぼんやりと丸みを帯びた姿がわかります。大きめの望遠鏡では、びっしりとマリモのように群れる恒星の大集団だということがわかります。

豆ちしき　17世紀のポーランドの天文学者ヘベリウスは、星空の空白域に10もの新星座をつ

94

とかげ座

秋の初めのころ、はくちょう座から続く秋の淡い天の川の中ほどに、うもれるようにして見えます。17世紀のポーランドの天文学者ヘベリウスが新しくつくった星座です。ヘベリウスはこの星座を「とかげ座」にするか「いもり座」にするかまよったそうで、実にあやふやな星座と言えます。星を結んでとかげの姿をイメージするのはむずかしいでしょう。

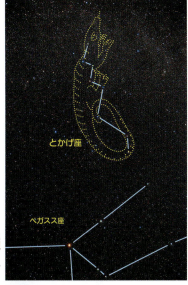

とかげ座周辺
天馬ペガススの前足あたりには、淡いとかげ座の姿が見えます。

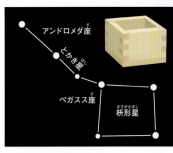

日本での呼び方
ペガススの大四辺形とそれにつらなるアンドロメダ座の星の列は、新潟県や広島県あたりでは、「枡形星」「とかき星」と呼ばれています。枡に山盛りになった穀物を平らにかき落とすための「斗掻」という棒に見立てていました。

★星座をさがそう★
10月中旬22時ごろ　11月中旬20時ごろ

ペガスス座とこうま座
東から上るときのペガススの大四辺形は、四角形が傾いているので注意しましょう。ペガススの鼻先にあるこうま座は、小さな星座ですが、見なれてしまえば形がわかりやすい星座です。

くり、そのうち7星座が今も使われています。

くじら座・ちょうこくしつ座

くじら座という星座名からは、ホエール・ウォッチングの人気者のクジラの姿を思い浮かべるかもしれません。しかしこの星座になっているクジラは、それとはまったくちがい、かぎ爪の生えた両手をもつ秋の星座神話劇中の唯一の悪役星座です。

くじら座
秋の終わりごろの宵の南の空に巨体を横たえる大きな星座ですが、目をひくほどの明るい星はありません。

くじら座

くじら座は、海岸の岩にくさりでつながれた美しいアンドロメダ姫をひとのみにしようとして、勇士ペルセウス王子に退治されてしまった悪役星座です。中近東のユーフラテス川のあたりの神話に登場する、ティアマトと呼ばれる怪物がモデルになっていると言われています。そのくじら座の心臓の位置で明るくなったり暗くなったり変光をくりかえしているミラは、「不思議なもの」「驚異的なもの」という意味の呼び名です。ミラの変光の原因は、太陽の直径520倍にも大きくふくらむミラが、風船のようにふくらんだり、ちぢんだりしているためです。

豆ちしき　くじら座の心臓の位置にかがやくミラが、赤い色をしているのは、表面の温度が太陽

変光星ミラ

お化けくじらの心臓の位置に赤くかがやくミラは、332日の周期で2等星から10等星まで大きく明るさを変える長周期変光星です。

明るいときのミラ　**暗いときのミラ**

ちょうこくしつ座

18世紀のフランスの天文学者ラカイユが設定しました。もとの名は芸術好きのラカイユらしく「彫刻家のアトリエ」というものでした。明るい星がなく、星の結び方もはっきりしないので、彫刻家のアトリエの内部を表した星座の姿をイメージするのはむずかしいでしょう。

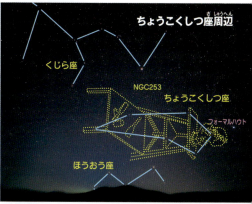

ちょうこくしつ座周辺

ちょうこくしつ座は明るい星がなく、南に低いので、見つけにくい星座です。みなみのうお座の1等星フォーマルハウトを目印にしましょう。

銀河NGC253

くじら座とちょうこくしつ座の境界付近にあり、双眼鏡でも細長くのびた姿がわかります。距離は880万光年です。

★星座をさがそう★　10月下旬22時ごろ　11月下旬20時ごろ

くじら座・ちょうこくしつ座

くじら座は変光星ミラが明るいときと、暗いときとでは、イメージが変わります。南に低いちょうこくしつ座は、星が淡く見つけにくいので、フォーマルハウトから位置の見当をつけます。

の3分の1の2000℃と低いためです。

やぎ座・けんびきょう座

秋の初めのころの宵の南の空に目を向けると、小さな星が逆三角形を描くようにつらなっている星座があります。尾が魚になっているという奇妙なやぎ座の姿です。

見てみよう
やぎ座

M30
やぎ座

やぎ座

やぎ座にはとくに目をひく明るい星はありませんが、秋の宵のころ南の空低くぼんやりながめているだけでも、小さな星が点々とつらなってさかさまの三角形のように見えます。星が淡いため、夜空の明るい市街地では見つけにくいので、できるだけ暗い場所で観察しましょう。このヤギは、頭のほうは角の生えたヤギですが、尾のほうは魚になっているという「魚山羊」なのです。やぎ座をイメージするときには、どうしてそのような奇妙な姿になったのか、183ページの星座神話を読んでから見るのがおすすめです。

やぎ座

南の空にぼんやりと目をやるだけでも、逆三角形の姿が浮かび上がってきます。

豆ちしき　昔の人々は、やぎ座の逆三角形を「神々の門」と呼び、人間のたましいが昇天す

けんびきょう座

やぎ座の逆三角形のすぐ南に接する小さな星座ですが、目をひく星がないので、見つけにくいです。18世紀のフランスの天文学者ラカイユが、もともと星座のなかった場所に無理につくった新しい星座なので、当時の古い顕微鏡の姿をここにイメージするのは、現代のわたしたちにはむずかしいかもしれません。

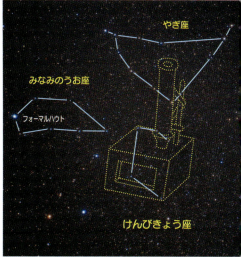

当時は最新型顕微鏡

ラカイユが新しくつくったけんびきょう座は、18世紀のころはハイテク光学機器として注目されていた顕微鏡がモデルです。

球状星団M30

やぎ座の魚の尾の近くにある球状星団です。双眼鏡でぼんやりと小さな姿を見つけることができます。たくさんの星が集まった球状星団を観察するには、望遠鏡が必要です。

★星座をさがそう★ 9月上旬22時ごろ 10月上旬20時ごろ

やぎ座

南の低いところに見えるので、牽牛星アルタイルから頭の位置を目印にしましょう。頭の見当がつけられれば、あとはその方向を見るだけで、逆三角形の星のつらなりが浮かんできます。

るときの天国の入り口と考えていたと言われています。

おひつじ座・うお座

「ペガススの大四辺形」の南東側に「く」の字を強く押しつぶしたように星がつらなっているのがうお座です。その東側の、裏返しの「へ」の字形の星のならびがおひつじ座です。

おひつじ座周辺

おひつじ座の尾は、おうし座のプレアデス星団のあたりにまでのびています。

見てみよう おひつじ座

二重星γ
おひつじ座の頭のあたりのγ星を望遠鏡で見ると、4.7等と4.8等の二つの星がぴったり寄りそった二重星だとわかります。

おひつじ座とうお座

おひつじ座は、目につくのは頭の部分の裏返しの「へ」の字形の3個の星だけで、胴体から尾にかけての広い部分には目につく星がありません。このため、ヒツジの姿は、ほかの星座を目印にして星座の広がりの見当をつけるしかありません。ひとつは、おうし座のプレアデス星団で、ヒツジの尾はこの近くにあるとイメージすることです。おひつじ座全体の広がりは、北側ではさんかく座、南側ではくじら座の頭の部分の近くだとおおまかに見当をつければ、ヒツジの姿が浮かんでくるでしょう。ペガススの大四辺形の中には、星がないようですが、目をこらすと淡い星があるのがわかります。南東側に「く」の字を強く押しつぶすように小さな星をつらねているのが「北の魚」と「西の魚」の2匹の魚を結ぶうお座の姿です。2匹の魚をリボンのようなひもで結びつけたうお座には、その結び目の折れ曲がりにかがやく3等のα星のほかには明るい星がないので、夜空の明るい市街地では見つけにくいです。日本ではうお座と呼ばれていますが、中国では「双魚宮」と呼ばれ、このほうがイメージに近いと言えます。

豆ちしき 北の魚と西の魚を結びつけるリボンのようなひもは、ティグリスとユーフラテス

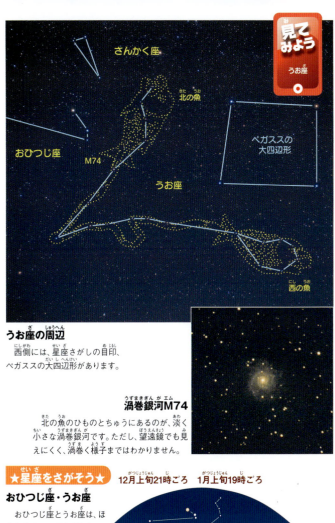

うお座の周辺

西側には、星座さがしの目印、ペガススの大四辺形があります。

渦巻銀河M74

北の魚のひものとちゅうにあるのが、淡く小さな渦巻銀河です。ただし、望遠鏡でも見えにくく、渦巻く様子まではわかりません。

★星座をさがそう★

おひつじ座・うお座

おひつじ座とうお座は、ほとんどくっつくようにして秋の宵の空高くに見えます。おひつじ座の頭の部分の3個の星のならびは、小さくまとまっているので目印にしましょう。

12月上旬21時ごろ　1月上旬19時ごろ

の二つの大河を表すものとも言われています。

みずがめ座・みなみのうお座・つる座

明るい星の少ない秋の星座のなかでも、とくに星をたどりにくいと言われているのがみずがめ座です。みなみのうお座の1等星フォーマルハウトからたどるといいでしょう。

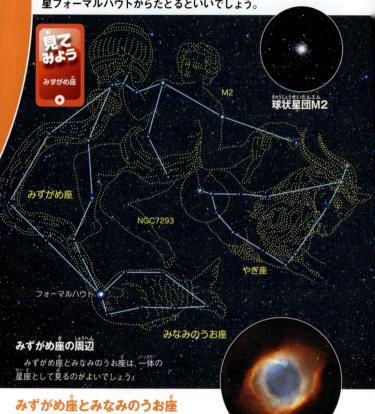

見てみよう みずがめ座

球状星団M2

みずがめ座の周辺
みずがめ座とみなみのうお座は、一体の星座として見るのがよいでしょう。

惑星状星雲NGC7293

みずがめ座とみなみのうお座

形のつかみにくい広い星座がみずがめ座ですが、美少年ガニメデスのかつぐ大きな水がめの部分に、小さな星が逆Y字形にまとまっているところだけは目につきます。この部分と秋の夜空の唯一の1等星フォーマルハウトは、南の空の低いところですが、市街地でも見える明るい星なので、この周辺にある淡い星座たちの位置の見当をつけるのにとても役立ちます。

みずがめ座の足元近くにあります。惑星状星雲としては、一番大きく見えます。とても淡いですが、夜空の暗く澄んだ場所でなら、双眼鏡でもリング状のごく淡い星雲だとわかります。

102 **豆ちしき** 秋の星座に水に関係する星が多いのは、太陽がこれらの星座にやってくるころ

つる座

秋の宵のころ、南の空低く、みなみのうお座の1等星フォーマルハウトのさらに南で、地平線近くでかがやく明るめの星二つが目をひきます。この二つがつるの広げた翼と胴体の位置にあたります。

つる座

日本の南よりの地方では全体が見られますが、北よりの地方ではつるの足の部分が地平線下にかくれてしまいます。

★星座をさがそう★ 10月中旬21時ごろ　11月中旬19時ごろ

みずがめ座・みなみのうお座

みずがめ座は、とても大きな星座ですが、明るい星がありません。その姿をたどるには、みなみのうお座の1等星フォーマルハウトから逆にたどるのがよいでしょう。

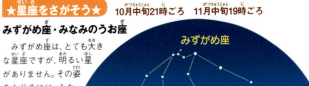

★星座をさがそう★ 10月上旬22時ごろ　11月上旬20時ごろ

つる座・けんびきょう座

みなみのうお座の1等星フォーマルハウトから地平線の方向に、明るい二つの星が左右にならんでいるのがわかります。けんびきょう座は小さく暗いので、見つけるのがむずかしいでしょう。

が雨季にあたっていたからとも言われています。

103

冬の星座

冬は、1年のなかで星が一番きれいにかがやきます。気温は低く寒いですが、星空を観察するのには最適なので、身支度をしてぜひ冬の星空を観察してみましょう。下の星座図は、冬の空全体の様子を示したもので、円の中心のあたりが「天頂」、頭の真上に当たります。オリオン座をはじめ、明るい星が多いので、市街地でも星座ウォッチングが楽しめます。

冬の全天の星座

見える時刻

12月5日　午前1時ころ	1月20日　午後10時ころ
12月20日　午前0時ころ	2月5日　午後9時ころ
1月5日　午後11時ころ	2月20日　午後8時ころ

光度

- ☀ 1等星
- ● 2等星
- ● 3等星
- ・ 4等星
- ・ 5等星
- ◉ 変光星

記号

- ●ー 二重星
- ◯ 銀河
- ◎ 散光星雲
- ◉ 散開星団
- ◉ 球状星団

星空が見える範囲は、緯度によってちがいます。星座図にはちがいが示してあります。

豆ちしき 星座図と実際に星空を見上げている場所での方位を合わせて、星座をさがしてみよう。

冬の星座のさがし方

　まず目につくのは、南の空にかがやく3個の1等星で形づくる逆三角形の「冬の大三角」です。全天一明るいおおいぬ座のシリウスは、都会の夜空でもひと目でわかります。シリウスからVサインのように指を広げるようにすると、左側にこいぬ座のプロキオンが、右側の先に赤みを帯びたオリオン座のベテルギウスがかがやきます。

冬の北の空の星座

- 2月1日ころ：午後9時ころ
- 2月15日ころ：午後8時ころ
- 2月30日ころ：午後7時ころ

秋の宵のころ、北極星を見つけるよい目印になってくれたカシオペヤ座のW字形も、北西よりに、北東よりにまわって低くなり、かわって北東の空からは北斗七星がまっすぐにのぼりはじめています。頭上にかがやく黄色味をおびた明るい星はぎょしゃ座のカペラで、1等星の中では一番北寄りにあります。

豆ちしき 冬の淡い天の川は、夜空の晴れ澄んだ場所なら意外によくわかります。

冬の南の空の星座

- 2月1日ごろ：午後9時ごろ
- 2月15日ごろ：午後8時ごろ
- 2月30日ごろ：午後7時ごろ

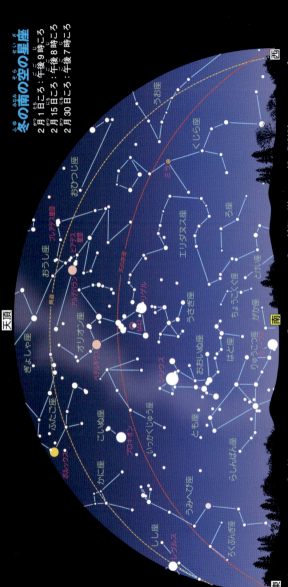

おおいぬ座のシリウスとオリオン座の赤いベテルギウス、それにこいぬ座のプロキオンの3個の1等星で形づくる「冬の大三角」がでてもよく目につき、冬の星座さがしの手がかりになります。また、おうし座の肩さきでネタルの群れのようにかがやくプレアデス星団も、よい目印になります。

豆ちしき プレアデス星団は日本では「すばる」の名でおなじみです。

冬の星座

オリオン座

　最も形の整った明るく美しい星座が、巨人の狩人オリオンの姿のオリオン座です。冬の澄んだ夜空にかがやくこの星座は、市街地はもちろん都会の夜空でさえ一目でそれとわかります。

オリオン座周辺
冬の夜空に見える明るい星や星座の中心でかがやくのがオリオン座の姿です。

二重星リゲル
　小さな望遠鏡でも、0.1等の青白くかがやくリゲルのすぐそばに小さな0.8等の星がくっついているのがわかります。リゲルは年齢の若い星ですが、重くて燃料の消費がはげしいので、やがてベテルギウスのような赤い星になると考えられています。

108　豆ちしき　岐阜県の山間では、赤いベテルギウスを「平家星」、白いリゲルを「源氏星」と

オリオン座

古代ギリシャの詩人ホメロスは、その叙事詩の中で「背の高いこの上ない美男子」とオリオン座のことをたたえています。狩人オリオンは、少し乱暴なものの、たくましい狩人として星座神話のあちこちで活躍しています。オリオンが手にしているライオンの毛皮は、キオス島の山奥であばれていたライオンを退治したときのもので、いつもたずさえています。オリオン座で目をひくのは、赤みを帯びた1等星ベテルギウスです。これは「巨人のわきの下」という意味の名前で、青白い1等星リゲルは「巨人の左足」という意味の名前です。中央なめ一列にならぶ「三つ星」は、オリオンのベルトをあらわし、その下につらなる「小三つ星」は腰から下げた剣に当たっています。

ベテルギウスの大きさ

ベテルギウス

ベテルギウスの正体

ベテルギウスが赤くかがやいて見えるのは、表面温度が低いためで、表面温度は3000℃です。(太陽の表面温度は5500℃)すっかり年老いてしまっていて、ぶよぶよに大きくふくらみ、太陽の直径の800倍から1000倍くらいの大きさまで不安定に膨張と収縮をくりかえしています。このように巨大にふくらんだ「赤色超巨星」は、その一生の終わりに近づいた星で、そう遠くない将来、100万年以内には「超新星」の大爆発を起こして飛び散ると見られています。

★星座をさがそう★

12月中旬0時ごろ　1月中旬22時ごろ

オリオン座

冬の宵の南の空で、一目でそれとわかる整った形をしているので、見つけやすいです。近くに明るい冬の1等星もかがやいており、オリオン座を中心とする冬の夜空は、市街地でも楽しめます。

呼び、赤旗、白旗の源平合戦の星に見立てていました。

オリオン大星雲

　狩人オリオンの剣にあたる「小三つ星」の中央に注目すると、星とはちがいぼんやりと見えます。肉眼でもその存在がわかる「オリオン大星雲M42」の姿です。オリオン座にはこのほかにも星雲がひそんでいるので、双眼鏡などで楽しめます。

オリオン大星雲M42
　距離1500光年のところに浮かぶこのガス星雲の中では、今も続々と新しい星が誕生しています。

豆ちしき　M42など星雲・星団の番号の頭につく「M」の記号は、フランスの天文学者シャ

三つ星と小三つ星の周辺

双眼鏡で三つ星付近をアップにしてみると、小三つ星の中心のものは鳥がつばさを広げたようなガス星雲だとわかります。

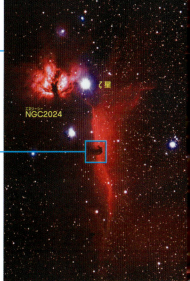

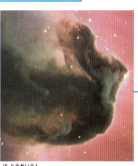

馬頭星雲

明るい散光星雲をバックに馬の首そっくりに見える暗黒星雲です。正体は冷たいガスとちりの雲です。

馬頭星雲とNGC2024

三つ星のうちのζ星のそばには馬頭星雲とNGC2024があります。散光星雲NGC2024は双眼鏡でわかりますが、馬頭星雲は暗黒星雲なので見えません。

オリオン大星雲の中心にかがやく4つの星

オリオン大星雲M42の中心部に望遠鏡を向けると、4個の明るいトラペジウムと呼ばれる星たちが見えます。M42は、この付近に広がる暗黒星雲が誕生して間もないトラペジウムの星たちによって、明るく光りガス星雲となって見えています。

ルル・メシエのカタログにある番号のことです。

111

冬の星座

おおいぬ座・こいぬ座

冬の宵のころ、南の空でどの星よりも明るくかがやく星を見つけたら、まずおおいぬ座のシリウスだと思ってまちがいないでしょう。こいぬ座とともに狩人オリオンがつれている猟犬です。

おおいぬ座
口元でかがやくシリウスばかりが目につきますが、明るい星が多いので、犬の姿をたどりやすいでしょう。

おおいぬ座

おおいぬ座の口元でかがやくシリウスは「焼きこがすもの」という意味のギリシャ語からきている名前です。その名のイメージ通り、−1.5等星の明るさでかがやいており、都会の夜空でも一目でわかります。星座さがしをはじめるときは、シリウスを確かめてからのほうがよいでしょう。一方、冬の淡い天の川の対岸には、白色の1等星プロキオンがかがやくこいぬ座が見えます。その名の通りごく小さな星座で、プロキオン以外に目につく星はないので、プロキオンだけで小さな犬をイメージしてもよいでしょう。なお、プロキオンの名前は「犬の先駆け」という意味からきているものです。これはおおいぬ座のシリウスより一足先に東の空に上る様子から名づけられました。

豆ちしき　シリウスが全天一明るい星として見えるのは、地球からわずか8.6光年の近さにあ

112

冬の大三角・こいぬ座

冬の星座さがしで一番目につきやすいのは、オリオン座の赤みをおびたベテルギウスとこいぬ座の白色のプロキオン、それに全天一明るい恒星のシリウスの3個の1等星で形づくる逆正三角形の「冬の大三角」です。夜空がネオンや街灯で明るい市街地の夜空でさえ、一辺がおよそ26°のこの逆三角形は一目でわかり、冬の星座さがしに役立ちます。こいぬ座は、目につくのはプロキオンだけといった小さな星座ですが、冬の大三角を形づくるのになくてはならない星座です。

こいぬ座と冬の大三角

おおいぬ座とこいぬ座の間には、ごく淡い冬の天の川が横たわり、冬の大三角とともに見えます。

散光星雲M41

シリウスのすぐ南にある明るい星つぶの集まりです。肉眼でもかすかにわかりますが、双眼鏡で見ると、シリウスと同じ視野内に星の集団として見えます。

★星座をさがそう★ 2月上旬22時ごろ 3月上旬20時ごろ

おおいぬ座・こいぬ座

おおいぬ座の口元でかがやくシリウスとこいぬ座のプロキオンは明るいので、一目でわかります。おおいぬ座はシリウス以外の星も目につくので大きな犬の姿がイメージしやすいでしょう。

るためで、実際に特別に明るい星ということではありません。

113

おうし座

二本の角を振りかざして、狩人オリオン座にいどみかかるかのような姿をしています。肩先にかがやくプレアデス星団と牡牛の顔にあたるヒアデス星団の群れで表されています。

おうし座
正体は大神ゼウスの変身した雪のように白い牡牛の姿とされています。

おうし座

おうし座で目をひくのは、牡牛の肩先に群れる小さなプレアデス星団の星の集まりです。日本での呼び名は「すばる」で、平安時代の女流エッセイスト清少納言の「枕草子」にも登場するほど昔から人気のある星の群れです。肉眼でもいくつかの星が数えられるでしょう。もうひとつの星の群れのヒアデス星団は、牡牛の顔の部分でV字形に星が集まった散開星団です。この中には赤みを帯びた1等星アルデバランがふくまれているので、肉眼でもよくわかります。このV字形の星の集まりから牡牛の振りかざす二本の角がのびています。北側の角の先端はぎょしゃ座の五角形の星とつながっているので、おうし座とぎょしゃ座は一連の星座として見てもよいでしょう。

豆ちしき　おうし座のヒアデス星団のV字形の星のならびは、日本では「つりがね星」「馬の

ヒアデス星団とプレアデス星団

ヒアデス星団は距離160光年、プレアデス星団は距離410光年のところにあります。1等星アルデバランは67光年と星団よりもずっと手前にあります。

プレアデス星団の星を数える

プレアデス星団の星が肉眼で何個数えられるか数えてみるのも楽しいです。双眼鏡だとどれくらい暗い星までわかるのか、上の星座の星と見くらべて調べてみましょう。

★星座をさがそう★　11月上旬21時ごろ　12月上旬19時ごろ

おうし座

1等星のアルデバランが赤くかがやいています。アルデバランのまわりにV字形の星のならびのヒアデス星団があります。その上方に、星が集まった散開星団プレアデス星団が目をひきます。

面」などと呼ばれていました。

冬の星座

ぎょしゃ座・エリダヌス座・きりん座

冬の宵の頭上にかかる黄色い1等星カペラをはじめとする、五角形の星座がぎょしゃ座です。また、オリオン座の1等星リゲルのすぐ近くから南へ流れ出る大河がエリダヌス座です。

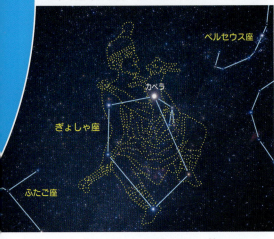

ぎょしゃ座

おうし座の2本の角のうち、北側の角の先から北へつらなる五角形に星をつらねるのがぎょしゃ座です。五角形の右上の角には、黄色味を帯びた1等星のカペラがかがやいているので、見つけやすいですが、この形からヤギをだく老人のような駆者の姿をイメージするのはむずかしいかもしれません。ギリシャ神話では、アテネの3代目の王となったエリクトニウス王の姿とされています。エリクトニウス王は、武勇にすぐれ、不自由な片足をものともせず、馬の背に体をしばりつけ戦に出かけたと言われています。そして4頭だての馬車を発明し、それをたくみにあやつって自由自在に戦場をかけめぐり、敵味方をおどろかせたと語り伝えられています。

★星座をさがそう★   12月中旬21時ごろ   1月中旬19時ごろ

ぎょしゃ座

ぎょしゃ座のカペラは、1等星では一番北よりに位置しているので、秋、冬、春と北の空のどこかしらに見えます。五角形が横にねたようなかっこうで上るのがわかります。

豆ちしき　ぎょしゃ座の1等星カペラは、距離43光年のところにある星です。同じ明るさの

116

エリダヌス座の周辺

オリオン座の1等星リゲルからたどる大河の中には、「ろ座」や「うさぎ座」などの小さな星が見えます。

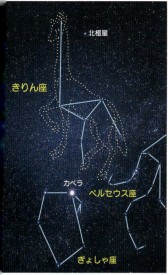

きりん座の周辺

きりん座は、北の空高く上る冬の宵のころは、さかさまに見えます。明るい星がなく、見つけにくい星座です。

エリダヌス座・きりん座

エリダヌスは川の神です。ギリシャ神話では、父親の太陽神アポロンからむりやり太陽の黄金の馬車をかり出したパエトン少年が、馬車をあやつりそこねてエリダヌス川に落ちたと伝えられています。
冬の北の空に見える首の長いきりん座は、はじめてキリンを目にした西洋の人々がおどろき、その姿を星座にしたものです。中国の想像上の動物「麒麟」ではありません。

★星座をさがそう★　12月下旬22時ごろ　1月下旬20時ごろ

エリダヌス座

オリオン座の足もとにかがやくのが1等星リゲルで、そこから淡い星を点々と結びつけ、天上の大きな河の流れをイメージします。河の南の果てには1等星アケルナルがかがやいています。

星2個がめぐり合う連星です。

117

ふたご座

冬の宵、ほとんど頭の真上あたりに、明るい2個の星がなかよくならんでかがやいているのが目にとまります。ふたご座のカストルとポルックスの兄弟星です。

ふたご座の周辺
ふたご座は、ぎょしゃ座の五角形とこいぬ座の間にあります。

豆ちしき　ふたご座のカストルは、小さな望遠鏡でも二重星だとわかりますが、実際には6

ふたご座

冬の宵のころには、頭の真上あたりに似たような明るさの星2つがならんでかがやいています。明るいので、市街地でもすぐに見つけることができます。明るめのポルックスはややオレンジ色がかって見え、少し暗めのカストルは白っぽく見えるので、色のちがいから二つの星を見分けることができます。それでもまよったときには、ぎょしゃ座の1等星カペラよりのほうがカストルであると「カ」の字で共通して覚えておくとよいでしょう。なお、カストルとポルックスの2つの星がならぶ様子から、日本では「犬の目」「猫の目」「カニの目」「金星銀星」などと呼ばれ親しまれてきました。

ポルックス

距離34光年の1.1等星です。表面温度が4400℃と低めでオレンジ色に見えます。

カストル

距離51光年で、1.9等と2.9等の2個の星が回り合う連星です。467年という周期でめぐり合っています。

散開星団M35とNGC2158

兄のカストルの足もとにある散開星団で、肉眼でもかすかにわかります。望遠鏡なら星つぶの集まりだとすぐにわかり、そばに小さな散開星団NGC2158があるのもわかります。

★星座をさがそう★

12月中旬22時ごろ　1月中旬20時ごろ

ふたご座

12月の宵のころ、ふたご座は横にねたようなかっこうで東の空から上ります。カストルの近くには「ふたご座流星群」の輻射点があり、たくさんの流星群を見ることができます。

個の星がめぐり合う「六重連星」です。

冬の星座

いっかくじゅう座・うさぎ座・はと座

ひたいに1本の長い角を生やした「いっかくじゅう座」は、冬の淡い天の川の中に身をひそめています。オリオン座の足もとには「うさぎ座」が、そのさらに南には「はと座」の姿があります。

いっかくじゅう座周辺
冬の大三角のちょうど中ほどに淡くかすかな一角獣の姿があります。

プロキオン / バラ星雲 / ベテルギウス / いっかくじゅう座 / シリウス

いっかくじゅう座

ひたいにするどくのびた角を生やした一角獣はユニコーンとも呼ばれ、中世の人々は手に入れると大きな幸運がまいこむと信じていました。一角獣は想像上の動物なので、つかまえた人はだれもいませんでした。星座では、白馬のように描かれています。人間くらいの小さな動物で、気があらくつかまえにくいけれど、女性のひざの上に乗るのが好きで、ミルクでおびき寄せるとおとなしくついてくるなどと語られていました。冬の淡い天の川にある大きめの星座ですが、淡い星ばかりなので、冬の大三角の中あたりにあると見当をつけましょう。

バラ星雲
一角獣の目のあたりにあるバラの花びらそっくりの散光星雲です。距離4600光年のところにあります。双眼鏡でかすかに見えます。

豆ちしき いっかくじゅう座は、ドイツの天文学者で数学者のバルチウスが17世紀につくっ

うさぎ座・はと座

　冬の宵の南の空高くかかるオリオン座のすぐ南には、狩人オリオンの足もとにうずくまるようにしてうさぎ座の姿があります。このうさぎ座は、オリオンのえものとしておかれたと言われているので、オリオン座とともに見るのがよいでしょう。うさぎ座の南、地平線低くオリーブの葉をくわえて飛ぶのがはと座です。はじめは「ノアのはと座」と名づけられていました。旧約聖書の創世記に出てくるノアの方舟から放たれ、オリーブの葉をくわえてもどってきたはとの星座です。

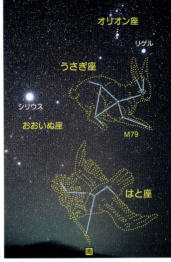

うさぎ座とはと座

★星座をさがそう★
いっかくじゅう座
2月上旬22時ごろ　3月上旬20時ごろ

　明るい星がないので、一角獣の姿をイメージするのはむずかしいです。いっかくじゅう座の姿は、冬の大三角の中ほどにあると想像をたくましくして見てみましょう。

★星座をさがそう★
うさぎ座・はと座
1月中旬22時ごろ　2月中旬20時ごろ

　どちらも小さな星座ですが、星が明るくまとまっているので、見つけやすい星座です。目印はオリオン座の足もとにかがやく1等星リゲルとおおいぬ座の全天一かがやく星シリウスです。

た新しい星座と言われていますが、大昔からあったという説もあります。

121

冬の星座

りゅうこつ座・とも座・ほ座・らしんばん座

現在、アルゴ船座という星座はありませんが、古代ギリシャのころには巨大な船アルゴ号の名をもつ星座がありました。しかし、あまりに大きいので、今では船を4分割した星座となっています。

アルゴ船座の全体

りゅうこつ座 エータ星雲

りゅうこつ座は、南半球の明るい天の川のかかる星座ですが、その天の川の中にあるのが、肉眼でも見える大きな散光星雲「りゅうこつ座エータ星雲」です。双眼鏡では、大きく広がった光がわかります。

アルゴ船座

巨大なアルゴ船座は、古代ギリシャのころから船の各部分を「ほ(帆)座」、「ほばしら(帆柱)座」、「りゅうこつ(竜骨)座」の部分に分けた星座として見るのがならわしとなっていました。それを正式に4つに分けて、星座として独立させたのは、18世紀のフランスの天文学者ラカイユで、彼は帆柱座のかわりに近代的な航海用具の「羅針盤」をくわえて4星座としました。しかし、船の各部分ごとに見てもイメージがわきにくいので、全体をひとつの巨大な船の星座としてながめたほうがよいでしょう。実際、南の地平線の黒々としたシルエットごしに日周運動で東から西へと動いていくアルゴ船の姿は迫力があります。ところでこの巨大な船は、コルキスの国の宝となっていたおひつじ座の金毛の牡羊の皮衣をとりもどすために、イアソン王子が船大工のアルゴスに建造させたもので、ギリシャ神話の若者50人を乗せ、船出しました。その名の「アルゴ」とは速いという意味です。さまざまな苦難をのりこえ、コルキスの国へたどりついた彼らは、怪竜が守っていた金毛の牡羊の皮衣を無事にとりもどしました。国へもどった隊長のイアソン王子は王位につき、アルゴ船は星座に上げられたと言われています。

カノープス

りゅうこつ座の1等星で、おおいぬ座のシリウスについで全天で2番目の明るさでかがやいています。距離309光年のところにあり、表面の温度が7000℃の星で、白くかがやいて見えます。

カノープスの見つけ方

おおいぬ座のシリウスからたどると、南の地平線低く見つけ出せます。しかし、東北地方の中部から北よりの地方では、南の地平線上に上ってこないので、まったく見ることができません。

★星座をさがそう★

2月中旬22時ごろ　3月中旬20時ごろ

アルゴ船座

アルゴ船座で一番目につくのは、カノープスですが、日本では南の地平線低く見つけにくいので、おおいぬ座の全天一明るいシリウスから位置の見当をつけるのがよいでしょう。

豆ちしき 南極老人星カノープスは、一目でも見ることができると、健康で長寿になれるといわれます。

南天の星座❶

15世紀ごろ大航海時代になると、南半球への航海が行われるようになり、それまで星座のなかった南半球の夜空にも新しい星座がつくられるようになりました。南半球のオーストラリアやニュージーランドへ出かけると、日本では見ることのできない星座を見ることができます。

南天の星座たち

日本からは見えない「天の南極」付近の星座や大マゼラン雲、小マゼラン雲などといっためずらしい天体を見ることができます。大航海時代の比較的初期のころ、ドイツのバイヤーなどによって南半球に12の星座がつくられました。その多くが南半球のめずらしい動物の姿を表したもので、イメージしやすいものばかりです。

豆ちしき 天の南極にある「はちぶんぎ座」は、1730年ごろイギリスのハドレーが改良した天体

南半球の星空を見る

　2世紀のギリシャの天文学者プトレマイオスが48の星座を発表してから、およそ1500年もの間、新しい星座はつくられませんでした。ところが、15世紀ごろからの大航海時代になると、それまで星座のなかった天の南極付近にも次々と新しい星座がつくられるようになりました。それらの星座は、航海によって知られるようになった南の国々の動物の姿などを表しています。また、南アフリカに遠征して南半球の星空をくわしく観測した18世紀のフランスの天文学者ラカイユなどによって、当時の顕微鏡などの発明品の星座などが加えられていきました。このため、南半球の星座には、ギリシャ神話のようなロマンあふれる楽しい物語はほとんどありません。ただし、アフリカやオーストラリア、南米などに昔から住んでいた人々の間には、星の神話や伝説、星座の見方が多く語りつがれていて、現在決められている88星座以外の星空の楽しみ方があります。なお、日本からまったく見ることのできない南半球の星座は、天の南極付近にあるはちぶんぎ座、カメレオン座、テーブルさん座、ふうちょう座の4星座だけです。

南極星のない天の南極

　北半球には、真北の目印になる北極星が明るくかがやいているので、北の方向が簡単にわかります。しかし南半球の真南の空には、南極星と呼べるようなよい目印になってくれる星がなく、南の方角を知るのがむずかしいです。そこで、真南の方向の見当をつけるために、南十字星のたてに長いほうの辺を5倍ほど延長したところに天の南極を見つけ出す方法などがあります。

天の南極

天の南極の日周運動

　天の南極をめぐる星々は、時計の針と同じ向きにめぐっています。その中心の天の南極には、北半球の北極星のような、一目でわかる明るい星はありません。

観測器具「八分儀」をラカイユが星座にしたものです。

125

南天の星座❷

南天の代表的な天体

　南の国の星空へのあこがれをさそう星として、一番有名なのは「南十字星」でしょう。南十字星は沖縄のあたりでは春から夏にかけて南の水平線上に姿をあらわすので、日本でも見られないわけではありません。もちろん、ハワイやグアム島あたりまで南下すると、高度が高くなるので、さらに見やすくなります。しかし、頭上高く上る南十字星を見るには、オーストラリアやニュージーランドに出かける必要があるでしょう。ところで、南十字星と聞くと明るい星1個をイメージしてしまいますが、正しくは「みなみじゅうじ座」で、4個の明るい星を十字形に結びつけた星座のことです。南半球では、このほか天の南極の近くには雲のように浮かんで見える「大マゼラン雲」、「小マゼラン雲」の2つのめずらしい天体があります。市街地では見えにくいですが、夜空の暗く澄んだ場所でなら肉眼でよく見えます。

みなみじゅうじ座

　4個の明るい星で形づくる十文字の星座で、全天88星座中、最も小さな星座です。大航海時代の船乗りたちは、十文字の星座のかがやきに神の加護と航海の安全を祈ったと言われています。その十字のすぐわきにはコール・サック（石炭袋）と呼ばれる暗黒部分があります。

「みなみじゅうじ」と「にせじゅうじ」

　南半球の頭上高くかかる明るい天の川の中にみなみじゅうじ座がかがやいていますが、その右（西側）よりに、よく似た十文字の星のならびがあり、「にせじゅうじ」と呼ばれています。ただ、にせじゅうじのほうが本物のみなみじゅうじよりもやや大きく、星も少し暗めなので、見まちがえることはないでしょう。

豆ちしき　北半球と南半球は季節が逆なので、いて座やさそり座付近の明るい天の川は日本

126

肉眼で見える二つの銀河

　天の南極の近くに、天の川のちぎれ雲のように浮かぶ「大マゼラン雲」と「小マゼラン雲」の二つの天体が肉眼で見えます。世界一周の航海で知られるポルトガルの航海家マゼラン（1480年ごろ～1521年）にちなんで名づけられました。地球がある天の川（銀河系）のまわりをめぐる同じような星の大集団で、天文学的には「大マゼラン銀河」、「小マゼラン銀河」と呼ばれています。大きい大マゼラン銀河は16万光年、小さい小マゼラン銀河は20万光年のところにあります。暗く澄んだ夜空でしっかりと見たい天体です。

大マゼラン雲

　かじき座にあり、北斗七星のマスの中におさまるくらいの大きさです。天の南極の近くに淡い雲のように浮かぶ姿は、夜空の暗く澄んだ場所でならば肉眼でもよくわかります。

小マゼラン雲

　大マゼラン雲のおよそ半分くらいの大きさに見えます。大マゼラン雲とならんで天の南極のまわりをめぐる様子は肉眼でもわかります。双眼鏡があると大マゼラン雲の中のタランチュラ星雲や小マゼラン雲のそばの球状星団ＮＧＣ104も見えます。

タランチュラ星雲

　大マゼラン雲の中にある明るい散光星雲で、毒グモに似た形から名前がつけられました。肉眼でもわかりますが、双眼鏡で見ると、毒グモの姿にそっくりに見えます。巨大な星が続々と誕生してきているところです。

球状星団ＮＧＣ104

とは逆に冬の8月ごろの宵の頭上で見やすくなります。

127

誕生星座

あなたの誕生日はいつでしょうか。おとめ座、みずがめ座といった誕生星座は、太陽の通り道、「黄道」にある、12星座です。夜空であなたの誕生星座を見つけてみましょう。

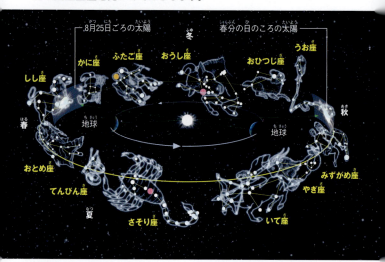

誕生星座は、誕生日には見えない

黄道12星座は、原点となる「春分点」がおひつじ座にあったころの大昔に決められたものです。現在では、1星座ほどずれていて、太陽がいる日と誕生日の関係は一致しなくなっています。そのため、自分の誕生星座を宵のころ見つけたいときには、誕生日のおよそ3〜4か月前の南の空が見つけやすくなっています。

黄道12星座

黄道12星座は、星占いに使われる黄道12宮とは広さが少しちがっています。

(毎月1日の太陽の位置が示してあります)

豆ちしき　黄道12星座の中を動く惑星のうち、水星と金星は夕方の西の空か明け方の東の空

黄道12宮と誕生星座

星空で、太陽の通り道のことを「黄道」と呼びます。その黄道上にあるのが黄道星座で、空全体をぐるりと1周する黄道には、12の星座があります。その12の星座が「誕生星座」です。誕生日によって自分の誕生星座が決まっています。黄道12星座は、太陽の通り道にあり、また、明るい惑星の通り道にもなっているので、惑星が誕生星座を見つける目印になってくれることがあります。しかし、惑星は黄道星座の中で位置を変えているので、天文年鑑や天文雑誌、国立天文台のホームページなどで惑星が見えている黄道星座を調べておきましょう。あなたの誕生星座を実際の星空で見つけてみましょう。

誕生日と誕生星座

誕生星座	誕生日の期間
おひつじ座	3月21日 ～ 4月20日
おうし座	4月21日 ～ 5月21日
ふたご座	5月22日 ～ 6月21日
かに座	6月22日 ～ 7月23日
しし座	7月24日 ～ 8月23日
おとめ座	8月24日 ～ 9月23日
てんびん座	9月24日 ～ 10月23日
さそり座	10月24日 ～ 11月22日
いて座	11月23日 ～ 12月22日
やぎ座	12月23日 ～ 1月20日
みずがめ座	1月21日 ～ 2月20日
うお座	2月21日 ～ 3月20日

誕生日から誕生星座がわかります。誕生星座は、星占いで使われるものとは、日付が少しちがうことがあります。

黄道12宮と守護星

黄道12宮は、実際の星空とはちがい、黄道上を正確に12等分し、そこに12星座をはめたもので、古くから占星術に使われてきました。12宮のそれぞれには、守護星と呼ばれる7惑星と冥王星、太陽、月が割り当てられています。星占いでは、守護星とそれぞれの誕生星座が示す関係が、人の性格や運勢に深くかかわっていると考えられています。

星占いに使われる、黄道12宮と守護星の関係

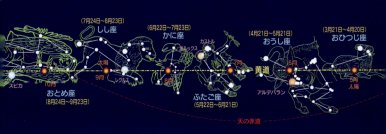

でしか見ることができません。

太陽系と銀河の観察

太陽系の天体たち

太陽のまわりでは、8つの惑星とそのほかの無数の天体たちが、つねに太陽の影響を受けながら回っています。太陽を中心とした、これらの天体の集まりと、太陽が影響をおよぼす範囲をまとめて太陽系といいます。

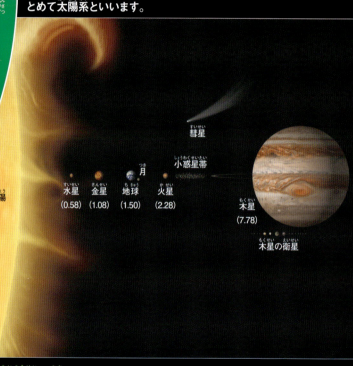

太陽 / 水星 (0.58) / 金星 (1.08) / 地球 (1.50) / 月 / 火星 (2.28) / 小惑星帯 / 彗星 / 木星 (7.78) / 木星の衛星

太陽系の顔ぶれ

太陽のまわりを回っている天体には、惑星とそのまわりを回る衛星、冥王星などの準惑星、無数の小惑星と太陽系外縁天体、「ほうき星」とも呼ばれる彗星などがあります。惑星には、太陽に近い方から順に、水星、金星、地球、火星、木星、土星、天王星、海王星の8つがあり、水星と金星以外は、それぞれ衛星を引き連れています。小惑星は、おもに火星と木星の間の軌道で小惑星帯という帯状の集団をつくり、太陽系外縁天体は、海王星近くやその外側に無数の集団をつくっています。小惑星も太陽系外縁天体も、ほとんどが小さな天体ですが、大きめで丸い姿のものは準惑星に分類されているものもあります。今はまだ観測はできていませんが、太陽系全体は太陽から地球までの距離の2万～5万倍くらいまで広がっていると言われ、長い軌道周期をもつ彗星は、そのあたりからやってくると考えられています。

豆ちしき　太陽と地球の距離にあたる約1億5000万kmを「1天文単位（1au）」と言い、太陽系

惑星の、太陽からの距離と大きさくらべ

　惑星たちの大きさをくらべた図です。( )の中には、単位を億kmとして、太陽からの距離が示してあります。たとえば地球の(1.50)は、1億5000万kmです。地球や水星、金星、火星のようにおもに岩石からなる惑星は「地球型惑星」と言います。一方、おもにガスからなる木星や土星は「木星型惑星」または「巨大ガス惑星」、おもに氷でできた天王星、海王星は「天王星型惑星」または「巨大氷惑星」と呼ばれます。

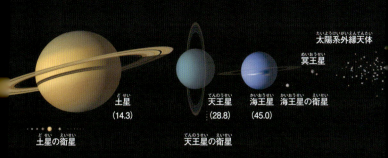

土星 (14.3)　土星の衛星　天王星 (28.8)　天王星の衛星　海王星 (45.0)　海王星の衛星　冥王星　太陽系外縁天体

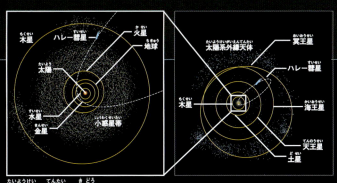

太陽系の天体の軌道

　太陽系を真上(北極)方向から見た図で、8つの惑星、準惑星の冥王星、小惑星帯、太陽系外縁天体の一部、ハレー(ハリー)彗星の軌道が、実際の比率通りにしめしてあります。惑星の軌道は完全な円ではありません。

のような大きな範囲の距離を表すのに使います。

太陽の観察

太陽の強烈な熱とかがやきは、わたしたちの目にはとても危険です。しかし、太陽の光を弱めるための減光方法に工夫しながら、細心の注意をはらって観察すれば、太陽が魅力的な天体だと知ることができます。

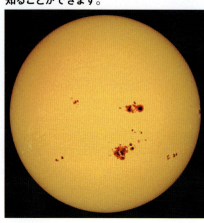

可視光で見た太陽
表面に点々と「黒点」が見えています。太陽表面の温度はおよそ5500度ですが、黒点は約4000度と低く、黒っぽく見えるのです。

太陽の観察

太陽の光と熱は非常に強いので、肉眼で直接太陽を見てはいけません。双眼鏡や望遠鏡で見ることは絶対にしてはいけません。目を焼いてしまい、失明する恐れがあるからです。望遠鏡の近くに子どもがいるときは、うっかりのぞかれないよう、望遠鏡のそばをはなれないようにするなど細心の注意をはらいましょう。白紙を置いた太陽投影板に投影したり、太陽観測専用のフィルターを使ったりして、正しい方法で観察すれば、太陽面の変光の様子を観察することができます。

太陽の観察の仕方

太陽の強烈な熱と光はとても危険なものです。太陽を観察するときは、減光方法をしっかり守って見てください。対策のひとつは、太陽投影板のようなものに投影して観察する方法です。これなら太陽を直接望遠鏡で見なくてすみます。もうひとつは、太陽観察専用のフィルターを望遠鏡光学ショップに相談して入手し、取りつける方法です。フィルターが外れたりしないよう、用心深く取りあつかいましょう。

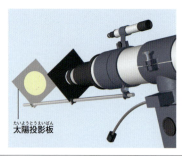

太陽投影板

太陽観測の減光用サンフィルターなどは、安全なものを使いましょう。黒いビニ

黒点の観察

投影板に投影したり、太陽観察専用のフィルターを使ったりして注意深く表面を見ると、大小たくさんの黒い点「黒点」があるのがわかります。その黒点をくわしく見ると、たいていのものは中心部が真っ黒な「暗部」とそのまわりをうす暗く取り囲む「半暗部」があるのがわかります。毎日観察すると、黒点の形が変化していくのもわかります。

黒点でわかる太陽の自転

太陽の表面の大きな黒点を毎日観察していると、少しずつ位置がずれているのがわかります。これは太陽の自転によるものです。大黒点の場合、向こう側に回ってふたたび現れるものもあります。

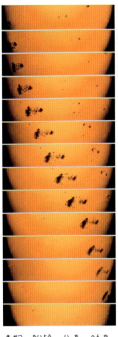

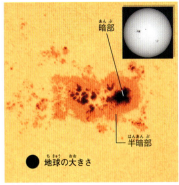

暗部
半暗部
地球の大きさ

黒点の大きさ

黒点の大きさは小さなものでも直径数百km、大きなものは直径数万kmにもなります。

季節と太陽の位置の変化

太陽は毎日、東から上って西へしずんでいきます。これは、わたしたちの住む地球が24時間で1回転するための、見かけの太陽の動きです。そして、地球の回転の地軸が少し傾いて太陽のまわりを1年がかりで回っているため、季節によって日の出や日の入り、お昼ごろの太陽の南中高度などが変

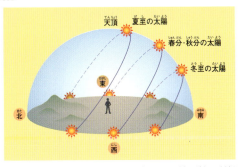

天頂　夏至の太陽
春分・秋分の太陽
冬至の太陽
東
北
南
西

化して見えることになります。1年の間にそれがどう変わるのか、季節ごとに同じ場所で観察してみましょう。このときも肉眼で太陽を見てはいけません。

ールや下じきなどで見ることは絶対にしてはいけません。

月の観察

月は地球の衛星で、およそ1か月かかって地球のまわりをめぐる最も近い天体です。このため肉眼でも満ち欠けの様子がはっきりわかり、双眼鏡や小さな望遠鏡でもクレーターなどの地形を見ることができます。

望遠鏡で見た月の表面

天体望遠鏡では、山脈や谷、みぞなど双眼鏡よりずっとくわしい地形の様子を見ることができます。40倍くらいの低倍率で月面を見わたし、気になるところは、100倍くらいに倍率を上げてよりくわしく観察します。地形の様子をスケッチしたり、写真に写したりするのも楽しいです。

月の観察

月は三日月のように細くなったり、まん丸な満月になったり、満ち欠けをくりかえします。その様子は肉眼でもはっきりわかります。双眼鏡や天体望遠鏡で見ると、丸い無数のクレーターや山脈、谷などさまざまな地形がわかり、あちこち観察していくとまるで月世界旅行に出かけたような気分を楽しむことができます。とくに月が欠けているときは、月の欠けぎわのあたりで地形の凹凸の様子をくわしく見ることができます。欠けぎわのあたりでは太陽光線がななめから当たり、地形の影ができるからです。満月のころは、太陽が真上から照らし、地形の影ができなくなるので、クレーターなどの様子がわかりません。

遠ざかったとき　近づいたとき

月の見かけの大きさのちがい

月はおよそ1か月かかって地球のまわりをめぐっています。その軌道は完全な円というわけではなく、少し地球に近づいたり、遠ざかったりしています。このためその距離の変化につれ地球から見た月の大きさも少し変化して見えます。毎年満月が地球に最も近づいて大きく見えるときは「スーパームーン」などと呼ばれることがあります。

豆ちしき　月の直径は地球のおよそ4分の1です。月から地球を見ると、地球から見た月の

月はなぜ形が変わるのか

月は、およそ1か月かかって細く欠けたり、丸く太ったりをくりかえしています。これは、月が1か月かかって地球のまわりを1周するうち、太陽に照らされて明るく光って見える部分が地球から見ていると変化するためです。月の欠けぎわではクレーターなどが見やすく

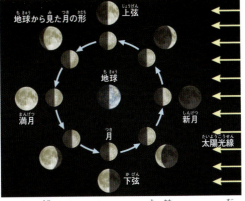

なりますが、月は少し首をふるような動きもするので、クレーターの見え方もそれにつれて少し変化します。しかし月が地球のまわりを1周するのと月の自転による1回転の周期がほぼ同じなので、月はいつも同じ面を地球に向けていて、地球から月の裏側を見ることはできません。

満ち欠けの周期—月齢

月の満ち欠けを新月から日数で表したのが「月齢」です。新月からおよそ15日目の月が満月となります。

新月から新月まで

月は地球のまわりを27日と8時間かけて1周していますが、満ち欠けして見える周期は29.5日でくりかえしています。このちがいは地球が太陽のまわりを回っているために起こります。新月は太陽と同じ方向に月がいるときなので、月はすべてが影になるので見られません。新月を月齢0.0として、1日ごとに月齢1.0、月齢2.0などとふえ、少しずつ丸みを帯びていきます。満月をすぎると、ふたたび細くなり、月齢29.5でつぎの新月0.0となります。

4倍の大きさでおよそ80倍の明るさで見えます。

日食と月食 ①

新月が太陽をおおいかくし、太陽が欠けて見えるのが「日食」で、満月が地球の影の中に入りこみ満月が欠けて見えるのが「月食」です。どちらもめずらしい現象ですが、肉眼でもその様子がはっきりとわかる天文現象です。

日食と月食のときの月の位置

地球のまわりをおよそ1か月かかって回っている月が、太陽に重なると太陽が欠けて見える日食となり、満月が地球の影に入りこむと満月が欠ける月食となります。

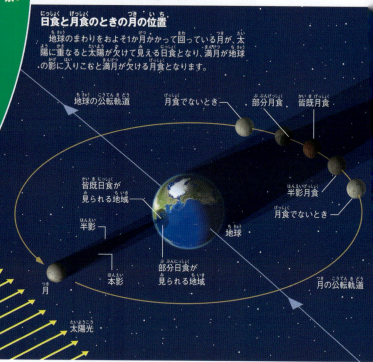

日食や月食が起こるわけ

太陽が欠けて見える日食も、満月が欠けて見える月食も、どちらも地球のまわりを1か月がかりで回る月が見せてくれる現象です。このうち日食は新月が太陽の前を通りすぎて太陽をかくすもので、太陽が欠けている真っ黒な部分は、実は新月の姿です。日食は必ず新月のときに起こります。ただし、新月のときの月が太陽をおおいかくすことは、そうめったに起こりませんので、日食はとてもめずらしい現象です。また、新月が太陽と完全に重なって見える地域はごくせまく、たいていの地域では新月と太陽がずれていて、太陽の一部分が欠ける部分日食となって見えます。満月が地球の影の中に入りこんで見える月食は、月が地上に出てさえいれば、どこでも見ることができます。めずらしい現象とはいえ、せまい地域でしか見られない日食とちがって、見られるチャンスは多いでしょう。

豆ちしき　紙に小さなあなをあけ、そのピンホールを通して部分日食の像を白い紙に投影す

皆既日食と金環日食

　太陽の大きさは月の400倍です。ところが地球から月までの距離の400倍も遠くにあるので、太陽と月は、地球からの見かけの大きさはほとんど同じです。この偶然のおかげで新月が太陽をおおいかくす「皆既日食」となります。しかし、月の距離が少し遠ざかると太陽全体をおおいかくせず、太陽がリングのようにはみだして見える「金環日食」となります。

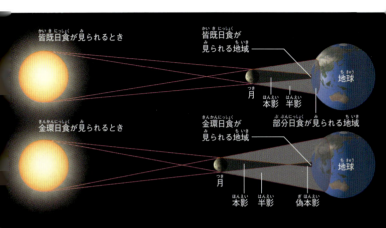

皆既日食とコロナ
　新月が太陽を全部かくすと「皆既日食」となります。皆既日食のときは、太陽のまわりに広がるコロナ（太陽の大気層）を見ることができます。

金環日食

ダイヤモンドリング
　皆既日食になる直前と終わる直後に太陽の光が月の表面の谷間などから一瞬もれてかがやいて見える現象です。まるでダイヤモンドのきらめきのように見えます。

る方法があります。太陽を直接見ないので、安全です。

137

日食と月食 ❷

日食の観察

　地球のまわりをおよそ1か月かかって回る月が、太陽に重なるように通りすぎると太陽が欠けて見える「日食」が起こります。日食は必ず新月のときに見られるのですが、新月のたびに太陽をおおいかくすわけではありません。日食は年に数回も見られない上、見られる地域もせまいので、とてもめずらしい現象です。日食は太陽が欠けて見えるとはいえ、太陽の明るさはほとんど変わらないので、ふだんの太陽の観察の仕方（132ページ）と同じように減光方法に注意し、絶対に目を痛めることがないようにしましょう。肉眼で見る場合には、安全なメーカー製の「日食グラス」を使って見るようにしてください。

プロミネンス
　皆既日食になると太陽の表面に立ち上る赤っぽいプロミネンス（紅炎とも言います）を見ることができます。

皆既日食の連続写真
　太陽が次第に新月におおいかくされ、皆既日食となる様子を5分ごとに連続して撮影したものです。皆既日食の進行の様子がよくわかります。

月食の観察

　満月が地球の影の中に入りこんで、満月が欠けて見えるのが「月食」です。地球の影の中に満月が全部入りこむと「皆既月食」となり、地球の影の中に一部入りこんで通りすぎると「部分月食」となります。満月のたびに地球の影の中に入りこむとは限らないので、月食はとてもめずらしい現象です。満月のときに起きる現象なので、月食は肉眼で見て楽しめます。

豆ちしき　皆既月食中の赤銅色の月面の明るさは、地球の大気の透明度により変化します。

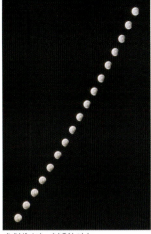

部分月食の連続写真

満月の一部分が、地球の影の中に入りこんで欠けて見える様子を5分ごとの連続写真でとらえたものです。

皆既月食の赤い月

満月が地球の影の中に全部入りこんで「皆既月食」となると、赤銅色に変身した神秘的な満月となって見えます。地球の影の中に入りこんでいる太陽光線が夕焼けと同じような効果で赤く満月を照らし出すからです。

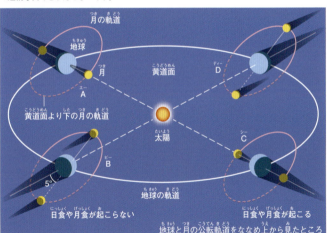

日食や月食が起こるとき、起こらないとき

地球のまわりを回る月の軌道は、太陽の軌道に対して約5°傾いています。このため新月のたびに太陽にうまく重なって日食となるとは限りません。一方満月のときにも必ず地球の影の中に入るとは限りません。月食の場合、多いときは年に3回起こることもありますが、1年に1回も起こらないこともあります。日食のほうが起こる回数は少し多いですが、日食の見られる範囲は地球上のごくせまい範囲に限られます。月食は満月が見えているところなら地球上どこでも見られるので、日食よりも見る機会が多くなります。日食や月食の予報は天文年鑑や天文雑誌、各天文台のホームページに発表されるので、その情報を入手しておきましょう。

豆ちしき 日本では、2035年9月2日に北陸から北関東あたりで皆既日食が見られます。

139

水星・金星の観察

地球の内側の軌道を回る惑星が水星と金星です。このため水星と金星は、地球の後ろ側に回ることがないので、真夜中の空には見えずに、いつも日ぐれの西の空か夜明け前の東の空でしか見ることができません。太陽の近くでしか見ることができないのです。

水星

小さな望遠鏡では、表面の様子はわかりませんが、メッセンジャーなどの探査機が、表面は月によく似たクレーターだらけの世界だと明らかにしています。そのクレーターのなかには葛飾北斎など日本人の名前がつけられているものもあります。

夕空に見える水星

水星は夕方の西の空か明け方の東の空低くにしか見えないので、視界が低空までよく開けた場所で見るようにしましょう。

夕方か日の出前がチャンス…水星

水星は太陽から28°以上はなれることがないので、夕方の西の空低くか、日の出前の東の空低くでしか見ることができません。地動説を唱えた有名なコペルニクスでさえ、水星を一度も見たことがなかったと言われます。水星の明るさは0等星くらいなので、夕方か明け方

豆ちしき　日本は水星や金星の様子をさぐるため、金星探査機「あかつき」を送りこんだり、

の空が明るいときでも見つけられます。見ごろは太陽から最もはなれるころで、夕空では東方最大離角になるころ、明け方では西方最大離角になるころがチャンスとなります。

大気につつまれた金星

金星は大きさが地球とほとんど同じなので双子惑星に例えられることもありますが、厚い大気に全体がつつまれている点で大きなちがいがあります。この雲のおかげで望遠鏡で見ても金星の表面の様子はまったくわかりません。

宵の明星

夕方の西の空高く見えますが、ときには近くに水星がならんで見えることがあり、金星が水星を見つけるよい目印になることがあります。

宵の明星、明けの明星…金星

金星は水星にくらべると太陽からずっとはなれているのでとても見やすく、明るさもマイナス4等星くらいなので、最も明るくなる最大光度のころだと、肉眼でも昼間の青空の中に光っているのがわかります。そんな明るい金星は、夕方の西空にかがやいて見えるときは「宵の明星」、明け方の東の空にかがやいて見えるときは「明けの明星」と呼ばれ、人々に親しまれています。

新しい水星探査の計画を立てたりしています。

太陽系と銀河の観察

水星と金星の見え方

地球の内側を回る水星と金星は、いつも太陽の近くでしか見ることはできません。夕方の西の空では「東方最大離角」になるころが太陽から大きくはなれるので、夕空高く見やすくなります。一方夜明け前の東の空では「西方最大離角」のころ高度が高くなって見やすくなります。また、太陽の真反対の向こう側にいる「外合」のころと、太陽と地球の間に入りこむ「内合」のころは太陽の方向なので見ることができません。

東方最大離角
金星の動き
水星の動き
しずんだ太陽

水星と金星の夕空での見え方

太陽に照らされた明るい面と影の夜の部分の割合が変化するので、水星と金星は望遠鏡で見ると月のように満ち欠けしています。

半月状に欠けた水星の姿

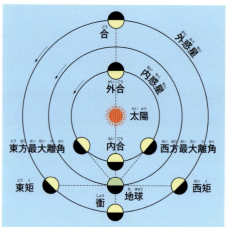

惑星の位置の呼び方

地球から見て惑星がそれぞれの位置にやってくるときの呼び名が右の図です。天文現象の予報などにこれらの言葉が出てくると、地球と惑星の位置関係がわかります。地球より外側の惑星が見ごろになるのは「衝」のころとなります。

金星の満ち欠け

水星と金星は、地球の内側を回る惑星なので、地球から見ていると、太陽に照らされて明るい面と影になる夜の部分の割合が変化し、満ち欠けして見えます。水星は満ち欠けの様子がわかりづらいですが、金星は地球に近づくころは見かけの大きさが大きくなるので、望遠鏡で見ると満ち欠けの様子がよくわかります。

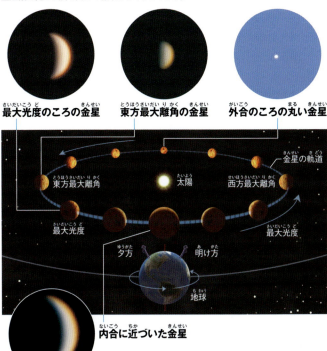

最大光度のころの金星

東方最大離角の金星

外合のころの丸い金星

金星の軌道
東方最大離角　太陽　西方最大離角
最大光度　　　　　　　最大光度
夕方　明け方
地球

内合に近づいた金星

昼間でも見える金星

金星は「最大光度」のころ、昼間の青空で光っています。太陽から40°くらいのところに注目してください。太陽光が目に当たらないよう、ものかげから見るのがポイントです。

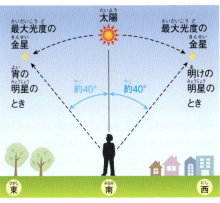

太陽
最大光度の金星　　最大光度の金星
宵の明星のとき　約40°　約40°　明けの明星のとき
東　　南　　西

火星の観察

地球のすぐ外側を回る火星は、地球の半分くらいの大きさの小さめの惑星ですが、ごくうすいながらも大気があり、雲が出たり砂嵐が起こったりしています。将来人類が移住できるかもしれない惑星として探査が続けられています。

探査機が見た火星
火星にはたくさんの探査機が送りこまれ、水や生命の存在についてさぐっています。しかし痕跡らしいものはあるもののまだはっきりとは見つかっていません。

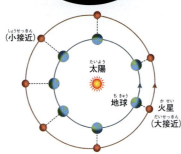

火星と地球の動き
火星の軌道はかなりいびつになっているため、地球と接近して出合うといっても、いつも距離が同じというわけではありません。「大接近」のときには両者はおよそ5500万kmまで近づきますが、距離のはなれた「小接近」のときはおよそ1億kmもあり、見かけの大きさもずいぶん小さく、火星表面の様子がわかりにくくなります。

火星の見かけの大きさくらべ
2年2か月ごとに地球との接近をくりかえしている火星の見かけの大きさの変化を見くらべたものです。大接近のときと小接近のときとでは大きなちがいがあることがわかります。

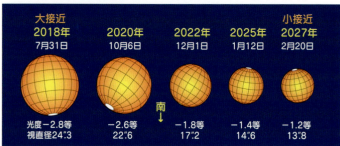

豆ちしき　火星の自転周期は、地球より40分ほど長めです。このためずっと火星面に注目し

火星の大接近「スーパーマーズ」

　地球のすぐ外側を回る火星は、およそ2年2か月ごとに地球との接近をくりかえしています。ただ、ほぼ円の地球の軌道とちがい、火星の軌道はいびつなため、地球と火星が接近するときの方向によっては、接近の距離にずいぶんちがいがあり、接近の距離が接近のたびにちがってきます。近づく距離に遠近の差があれば、当然火星の見かけの大きさにもちがいが出るので、「大接近」のときには大きく見え、火星表面の様子が小さな望遠鏡でもわかるようになります。一方接近の距離が開いた「小接近」のときは火星の見かけの大きさが小さく表面のもようが見にくくなります。「大接近」となるのはおよそ15年に一度です。2018年の大接近と2020年の準大接近は表面の様子を観察するには絶好のチャンスです。

火星(外惑星)の動き

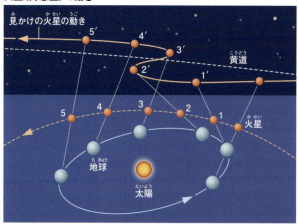

　「外惑星」とは、火星のように地球の外側の軌道を回る惑星のことです。惑星が天球上を見かけの上で東に進むことを「順行」と言います。しかし外惑星は、地球よりも公転速度がおそいので、地球が外惑星を追いこす場合があり、そのとき天球上では後もどりする「逆行」がおきます。(上図の2から3の動き)

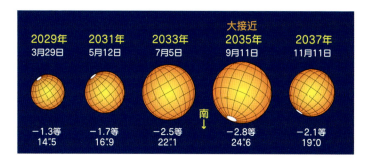

ていると、もようが変わってくるのがわかります。

火星のこれからの動き

火星はおよそ2年2か月ごとに、地球への接近をくりかえしています。小さな望遠鏡で見て、表面のもようがよくわかるのは、接近したときだけなので、ここでは火星が接近したときの動きだけを示してあります。

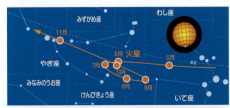

2018年
7月31日に「大接近」となり、やぎ座で−2.8等の真っ赤なかがやきを見せるでしょう。

2020年
10月6日に地球に最も近づきます。2018年の大接近のように、望遠鏡でも表面の様子がよく見えます。(−2.6等)

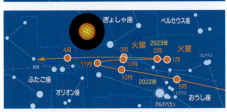

2022年
12月1日におうし座で地球に近づきます。冬の明るい星座の中で真っ赤にかがやく−1.8等の姿です。

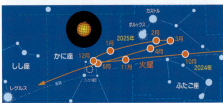

2025年
1月12日に地球に近づきます。カストルとポルックスとならび、三兄弟のように見えます。(−1.4等)

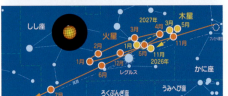

2027年
2月20日に地球に近づきますが、距離がはなれた「小接近」です。レグルスと木星が近くに見えます。

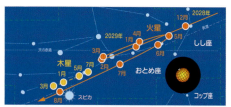

2029年
3月29日に地球に近づきますが、小さく見えます。近くに明るい木星がかがやきます。

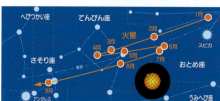

2031年
5月12日に地球に近づきます。9月になると、1等星アンタレスに、夕方の南西の空でならびます。

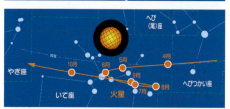

2033年
7月5日にいて座で地球に近づきます。小さな望遠鏡でも表面のもようが見えます。

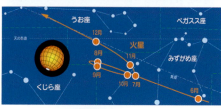

2035年
9月11日地球に「大接近」となり、秋の夜空で−2.8等の真っ赤なかがやきが話題になるでしょう。

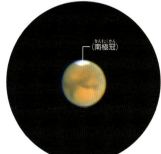

大接近のときの火星
大接近のときは小さな望遠鏡でも表面のもようや真っ白な南極冠を見ることができます。南極冠はとけてだんだん小さくなっていくので、その様子を見守ってみてください。

147

小惑星の観察

ケレス →
↑ イシス

小惑星イシスと準惑星ケレス

小惑星はふつうの恒星のように光って見えているだけなので、小さな星と見分けがつきませんが、星座の中を移動するので、小惑星だとわかります。これはおうし座のヒアデス星団の中に見えているところです。

地球に接近する小惑星

小惑星のなかには地球のすぐそばまでやってきて速いスピードで通りすぎる、衝突の危険さえあるようなものがあります。

小惑星をさがす

現在軌道のわかっているものだけで、およそ50万個の小惑星が見つかっています。最大の準惑星ケレスでさえ直径が952kmしかありません。これは地球の直径の14分の1という小ささです。あとはこれ以下の小天体たちばかりなので、小惑星全部をかき集めたとしても、その全重量は地球のたった2000分の1、月の25分の1くらいにしかなりません。その数がいくら多いといっても、星空全体が小惑星だらけに見えるということはありません。しかし、小さなものとはいえ、小惑星帯から何かのはずみで飛び出してきたものが地球に衝突することがないとは言えません。今から6600万年前、恐竜たちが絶滅したのは、直径10km大の小惑星が地球にぶつかったためだと言われています。そこで危険な小惑星を早めに見つけ出し対策をとろうと世界中の天文台が協力して監視体制をとっています。また、星好きのアマチュア天文家たちも、未知の小惑星さがしで活躍し、数多く発見しています。

豆ちしき 地球に大接近する小惑星はいくつも見つかっていますが、今すぐ危険となる小惑

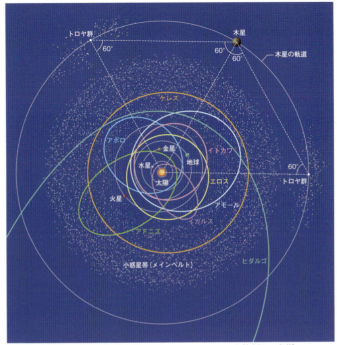

小惑星の軌道

　ほとんどのものは火星と木星の間の小惑星帯「メインベルト」と呼ばれるところを回っていますが、トロヤ群のように木星の軌道上の前後に集まってめぐるものもあります。このほか地球の軌道の近くまで入りこんできて衝突しそうになるものもあります。小惑星帯の中には彗星のようにかすかな尾をひくものもありますが、この種のものは昔は彗星だったのかもしれません。なお、小惑星の中心付近をめぐるケレスは現在は小惑星でなく「準惑星」に分類されています。

小惑星の軌道

　小惑星の大部分は、小惑星のメインベルトをめぐっていますが、この中で小惑星どうしが衝突したりすると、その破片が地球の近くまで飛んできて地上に落下し「隕石」になります。

はやぶさが訪れたイトカワ

　日本の小惑星探査機「はやぶさ」がその表面に着陸してサンプルを地球に持ち帰りました。がれきの寄せ集めのような500m大の細長い小惑星です。

木星・土星の観察

太陽系で最も大きな惑星が木星で、「夜半の明星」と言われるほどの明るいかがやきを放って見えています。土星は神秘的な美しい環を持つ惑星で、小さな望遠鏡でもよく見えるので人気があります。

おうし座の中にならんだ木星と土星

木星の姿

木星の直径は地球の11倍もあり、太陽系の惑星では最大です。岩石惑星とはちがい、ガス惑星です。もし、今よりももう少し大きかったら、2番目の太陽となってにぶく光りだしたかもしれないと言われています。

木星の観察

木星を望遠鏡で見るとすぐに、2本の太いもようがあることに気づくことでしょう。これは木星が10時間たらずのもうれつなスピードで自転するために引き起こされる雲の流れなのです。倍率を上げると、ほかにもたくさんのしまもようがあるのがわかります。木星本体に注目してみると、やや赤道方向にふくらんだ姿をしていることにも気づくでしょう。これも木星の高速自転によって楕円形になっているものです。もようの向きによっては、「大赤斑」と呼ばれるたまご形の大きなピンク色をしたものが見えてくることがあります。しばらく見ていると、木星の速い自転によって位置が変わるのがわかります。うすくなったり、濃くなったりする変化もわかることがあります。木星は大小69個の衛星をしたがえています。そのなかでとくに大きな4個はガリレオが発見したので「ガリレオ衛星」と呼ばれています。

豆ちしき　木星のガリレオ衛星のイオには活火山があります。エウロパとガニメデの内部に

小さな望遠鏡で見た木星
　木星は見かけの大きさが十分にあるので、小さな望遠鏡でも、表面に見えるもようやたまご形の大赤斑を見ることができます。しかもそれらは、木星の高速の自転につれ、たえず変化しています。

小望遠鏡で見たガリレオ衛星
　木星のガリレオ衛星たちの明るさは6等星くらいなので、小さな望遠鏡の低倍率でもはっきりわかります。双眼鏡でも見ることができます。

木星

土星の観察
　天体望遠鏡で土星を見ると、大きく幅広い環がとりまいているのがわかります。環はとても明るくはっきりしているので、小さな望遠鏡でも30倍くらいの倍率があればくっきり見ることができます。望遠鏡のない人は、科学館や公開天文台などで開催される土星観測会に参加して、ぜひ環のある実物の土星の姿を見てみてください。環の見え方はいつも同じではなく、年々傾きが変化し、太くなったり細くなったりをくりかえしています。

土星の姿
　本体の直径は、地球の10倍もあり、木星と同じガス惑星です。環の幅は地球5個分ですが、あつさは100m以下です。

小望遠鏡で見た土星
　土星の環は、毎年少しずつ傾きが変わり、環の南側の面が見えたり、北側の面が見えたり、30年周期で変化します。

環の消えた土星
　およそ15年に一度、地球から見て環が真横になって見えなくなってしまうことがあります。環のあつさはとてもうすいので、環のない土星の姿となります。

は海があり、生命が存在しているかもしれません。

木星のこれからの動き

木星の明るさは−3等星に近いので、「夜半の明星」と呼ばれることがあります。また黄道で毎年1星座ずつ東へとうつっていきます。

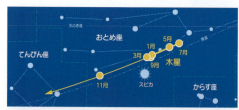

2017年
4月8日におとめ座の1等星スピカの近くで衝となり、春から夏にかけての宵の空で人目をひきました。−2.5等。

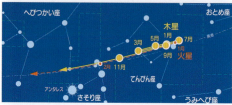

2018年
5月9日にてんびん座で衝となります。夏休みの宵の南の空で−2.5等のすばらしいかがやきが注目されることでしょう。

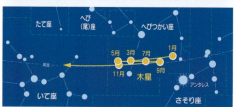

2019年
6月11日にへびつかい座の足もとで衝となります。さそり座の1等星アンタレスとならび、夏の宵の南の空に見えます。

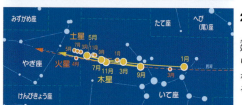

2020年
7月14日にいて座の東端、やぎ座の境界のあたりで0等の土星とならんでかがやく様子が話題となることでしょう。

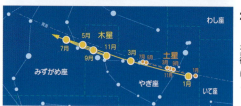

2021年
8月20日にやぎ座とみずがめ座の境界のあたりで衝となります。やぎ座には0等の土星もいて目をひくことでしょう。

152

木星は見かけの大きさが大きく変化することはありません。いつ望遠鏡で見ても表面のしまもようや4個のガリレオ衛星の動きが楽しめます。

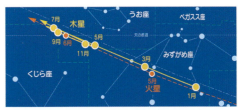

2022年
9月27日にうお座の西の魚の近くで衝となります。明るさが−2.9等と木星としては最も明るくかがやいて見えます。

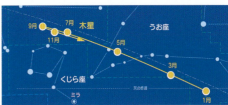

2023年
11月3日におひつじ座とくじら座の頭の近くで衝となります。−2.9等と木星としては最も明るくかがやいて見えます。

2024年
12月8日におうし座の中ほどの二つの角の間に見えます。冬の明るい星々とともにすばらしいながめになります。

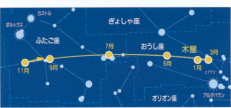

2025年
2026年1月10日に衝となるので、衝になることがありません。年始のころはおうし座、後半はふたご座で見えます。

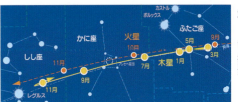

2026年
2026年は1月10日、12月11日が衝となるので、年始のころはふたご座、年末はしし座で見えます。

土星のこれからの動き

土星はいつも0等星くらいの明るさで見え、望遠鏡では環のある姿が見られます。

2017年
6月15日に、明るい夏の天の川の中で衝となりました。10月には望遠鏡で最も大きく環が開いた状態となります。

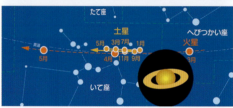

2018年
6月27日に、いて座の南斗六星の近くで衝となります。7月31日に地球に「大接近」となる火星が4月ごろ接近します。

2019年
7月10日にいて座で衝となります。望遠鏡では環の傾きが少しもどり、土星本体が環から少しはみ出して見えます。

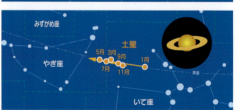

2020年
7月21日にいて座とやぎ座の境界のあたりで衝となります。近くには明るい木星のかがやきがあり、ならんで見えます。

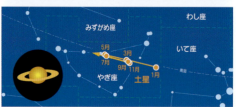

2021年
8月2日にやぎ座で衝となります。木星が近くにいるので、秋の夜空で木星と土星がならんでかがやきます。

土星の英語名はサターン。ローマ神話の農業の神の名前で、悪魔のサタンではありません。

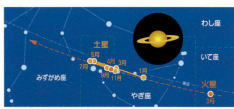

2022年
8月15日にやぎ座で衝となります。土星の環は2025年に真横一直線になり見えなくなるので、このころから細くなってきます。

2023年
8月29日にみずがめ座で衝となります。望遠鏡では環がますます細くなっているのがわかります。

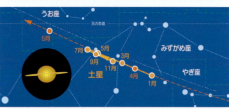

2024年
9月9日にみずがめ座の中ほどで衝となります。2025年に土星の環が真横になり見えなくなり、環はほぼ一直線になっています。

2025年
9月22日に衝となります。環が真横一直線となるため、小さな望遠鏡では環が見えなくなる「消失」が起こります。

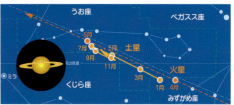

2026年
10月5日に衝となり、うお座の中ほどに見えます。望遠鏡ではつぎの2039年の環の消失まで、環の下面を見ることになります。

土星より遠い天体の観察

太陽系の8つの惑星のうち、土星までの惑星は、夜空でかがやいているので肉眼で見ることができます。土星より外側の天王星、海王星は、双眼鏡か望遠鏡がないと見ることができません。太陽系は海王星までで終わりというわけではなく、その外側に冥王星をはじめとする太陽系外縁天体がたくさんあります。

望遠鏡で見た天王星

明るさは6等星くらいなので、夜空の暗く澄んだ場所なら、双眼鏡で発見できます。天文年鑑などで、見えている位置の予報を手がかりにしてみましょう。

望遠鏡で見た海王星

8等星と暗いので双眼鏡では見つけ出すのがむずかしいです。望遠鏡を使って高倍率にすれば、ごく小さな円盤像がわかります。

天王星と海王星の観察

土星までの惑星は、肉眼でも見えるので大昔から知られていましたが、土星の外側をめぐる天王星は、1781年にウイリアム・ハーシェルによって発見されるまで、その存在は知られていませんでした。6等星くらいの明るさなので、位置さえわかっていれば双眼鏡を使えば見ることができます。しかし、天王星は見かけの大きさがほかの惑星ほどないので、倍率の高い望遠鏡を使っても青緑色をしたごく小さな丸い形に見えるだけで、表面のもようなどは見えません。また、天王星には土星のような環がありますが、暗く細いので、望遠鏡では観察できません。

天王星のさらに外側をめぐるのが海王星です。1845年にフランスのルベリエとイギリスのアダムスが計算によってその位置を導き出し、ドイツのガルレ（ガレ）がその位置に発見しました。8等星くらいの明るさなので、くわしい予報位置を手がかりにしないと、双眼鏡で発見するのはむずかしいでしょう。望遠鏡なら発見できますが、見かけの大きさは天王星よりもさらに小さいので、青緑がかった表面にもようなどを見ることはできません。海王星にも天王星に似た環がありますが、淡いので、望遠鏡では見えません。

豆ちしき 天王星には27、海王星には14の衛星が発見されていますが、小さな望遠鏡では見

冥王星の姿

2015年探査機ニュー・ホライズンが接近し、表面の様子を明らかにしました。ハート形の白い部分はほかの天体との衝突によるもので、冥王星の発見者にちなんでトンボー地域と名づけられました。右上方に日本の小惑星探査機から名前をとった、はやぶさ台地が見えます。

冥王星の観察

冥王星は、1930年にアメリカのローウェル天文台のトンボーによって発見されて以来、長い間太陽系の第9惑星として扱われてきました。しかし2006年、国際天文学連合は、太陽系の惑星の定義として、3つの条件を定めました。
① 太陽のまわりを回っていること
② 自分の重力で丸い形をしていること
③ 自分の軌道の近くにほかの天体がないこと
冥王星はこのうちの③の条件を満たしていないため、惑星ではないことになりました。冥王星の周囲には、太陽系外縁天体という、冥王星に似た天体がたくさんあることがわかったのです。

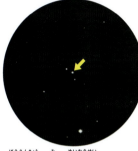

望遠鏡で見た冥王星

冥王星の直径は地球の3分の1より少し大きいくらいで、氷の天体です。明るさは14等星と暗いので、大型望遠鏡でないと見られません。

太陽系外縁天体とは

海王星の外側には、直径が10〜100km、大きなものになると1000kmにもなるような天体が現在1800以上発見されています。その存在を発見したエッジワースとカイパーの名をとってエッジワース・カイパーベルト天体、またはカイパーベルト天体と呼ばれました。現在は「太陽系外縁天体」と呼ばれ、とくに大きな準惑星は冥王星型天体とも呼ばれます。明るいものでも16等星くらいなので、望遠鏡では見られません。

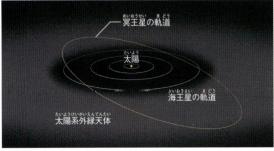

太陽系外縁天体

大小たくさんの小惑星のような天体が、冥王星の外側をめぐっています。

ることができません。

太陽系と銀河の観察

流星群の観察

夜空を流れる流れ星は、星が流れ落ちたものではなく、太陽系をただよっている小さなちりが燃えて光ったものです。ちりが猛スピードで地球の大気中に飛び込むと、大気との摩擦で燃えて光ります。

しし座流星群
彗星がまき散らしたたくさんのちりと地球がぶつかると、空一面にたくさんの流れ星が見られる「流星群」「流星雨」となります。2001年11月の日本での「しし座流星雨」の様子です。

流星と流星痕
流星は、地球の大気中に秒速数十kmのスピードで飛び込んできたちりのまわりの熱いガスが、ひとすじの光となって見えるものです。明るい流星のなかには、「痕」(右上) と呼ばれる、煙のようなものをのこすものもあります。

流星と流星群
流れ星がきえないうちに3度願い事をとなえるとその願い事がかなうという言い伝えがあり、「流れ星に願いを」と星空を見上げる人もいて、流れ星はとても人気があります。ふつう、流れ星は、1時間くらい夜空を見ていても1個くらいしか見られませんし、光っている時

豆ちしき　しし座流星群は、ふだんの年は1時間に数個流れ星が見られますが、次の大出現

間が1秒間もないものが多いです。このようないつ見られるかわからない流れ星は「散在流星」と呼ばれます。しかし、流星のなかには「流星群」と呼ばれる、毎年決まった時期に決まった星座の方向にまとまって出現するものがあります。流星群が出現するときに観察していると、1時間に数十個も流星が飛ぶことがあるので、流れ星に願い事をするチャンスも高くなります。とくに活発な活動を見せてくれるのは、8月10〜12日ころに流星の出現がピークになる「ペルセウス座流星群」と、12月14日ごろにピークになる「ふたご座流星群」などです。

流星群の見え方

　毎年決まった日にたくさんの流星が飛ぶ流星群の流星は、彗星がその軌道上にまき散らしていったちりの大群が、地球にぶつかってきて出現するものです。夏休みの8月10〜12日ころをピークに活発に出現するペルセウス座流星群は、周期135年でめぐるスイフト・タットル彗星がその軌道上にまき散らしていったちりです。ふつう、流星群の呼び名は、流星が飛び出してくる方向の「輻射点」のある星座名で呼ばれます。

しし座流星群の「輻射点」

毎年11月17〜19日ころをピークに出現するしし座流星群の輻射点は、ししの大がまあたりにあります。

流星群の「輻射点」

　同じ流星群に属する流星は、同じ方向から地球の大気中に平行に飛び込んできて光ります。その様子を地上から見ると、見かけ上、流星が輻射点から四方八方に飛び出すように見えます。輻射点は「放射点」と言われることもあります。

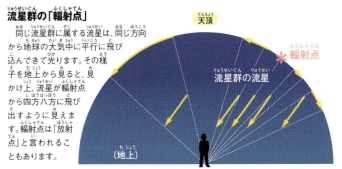

は、2034年から2037年ごろと予想されています。

流星群と彗星の深い関係

流星群は毎年ほぼ同じころに見られます。彗星の軌道上にまき散らされたちりの群れと地球が、毎年同じ位置で出会うからです。ちりの群れは広い範囲にあるので、流星群が出現する日には幅があります。最も流星の出現が多くなる日を「極大日」と言います。また、彗星がのこしていったちりには濃淡があるため、流星がたくさん見られる年もあれば、あまり出現しない年もあります。

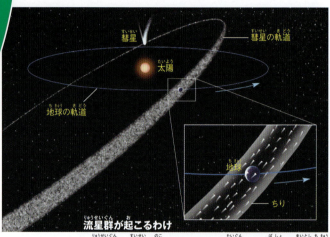

流星群が起こるわけ

流星群は、彗星が残していったちりの大群がある場所に、毎年地球がぶつかり、そのちりが地球の引力で大気中に飛び込んできます。

毎年見られる流星群

流星群は、毎年ほぼ同じころに見られます。極大日に観察してみましょう。

★名前	★活動する期間	★極大日	★見える方向や時間
しぶんぎ座流星群	1月はじめ〜1月7日	1月4日	夜明け前の北東の空
こと座カッパ流星群	4月16日〜4月25日	4月22日ごろ	夜半後の北東の空
みずがめ座エータ流星群	5月はじめ〜5月10日	5月6日ごろ	夜明け前の低い南東の空
みずがめ座デルタ南流星群	7月中旬〜8月中旬	7月下旬	宵の南の空
ペルセウス座流星群	7月25日〜8月23日	8月10〜12日ごろ	ほぼ一晩中、北東の空
オリオン座流星群	10月17日〜10月26日	10月21〜22日ごろ	夜更けの南の空
おうし座流星群	10月20日〜11月25日	11月中旬	数が少ないが明るい
しし座流星群	11月14日〜11月20日	11月17〜19日ごろ	夜明け前の東の空
ふたご座流星群	12月7日〜12月18日	12月14日ごろ	一晩中見られる
こぐま座流星群	12月19日〜12月24日	12月22日ごろ	北の空

しぶんぎ座流星群は、りゅう座イオタ流星群とも呼ばれます。

彗星の観察

長い尾を引き、星座の中を移動する彗星はとても興味深い存在です。新しく現れる彗星はどこに見えるかわかりません。また、短期間のうちにこれほど形を大きく変化させる天体はほかにありません。

ヘール・ボップ彗星（1997年）

アメリカのアマチュア天文家、ヘールとボップの2人によって発見された彗星です。発見者の名前で呼ばれる彗星もありますが、正式には符号がつけられます。

ヘール・ボップ彗星（C/199501）

彗星を観察する

彗星は、よごれた雪だるまのような天体で、太陽に近づくとあたためられ、彗星の本体の核（コア）から蒸発したちりやガスが長い尾となってのびます。このため、太陽に近づくほど明るさが増し、太陽の光の圧力や太陽から吹きつける太陽風によって、彗星の尾はいつも吹流しのように太陽とは反対方向にのびることになります。太陽から遠ざかると蒸発は少なくなり、明るさも尾も次第におとろえ、やがて肉眼では見えなくなってしまいます。新しい明るい彗星が現れると、天文雑誌のニュース欄や国立天文台や科学館、公開天文台などのホームページに公表されるので、注目してください。尾を引いている様子が肉眼で見えるような大彗星が現れるのは、10〜20年に一度です。ふだんの年は、双眼鏡で見えるくらいのものが1〜2個現れればよいくらいです。

豆ちしき ヘール・ボップ彗星はおよそ2400年後に現れる予定です。

太陽系と銀河の観察

ハレー彗星（1p）

　たった一度しか現れない彗星が多いですが、一定の周期ごとにもどってくる「周期彗星」があります。ハレー（ハリー）彗星は、周期76年で現れる彗星です。これは1986年に回帰したときの姿です。次に現れるのは2061年の7月で、北の空に0等星くらいの明るさでよく見えることでしょう。

ハレー彗星の核

マックノート彗星（C/2006p1）

　幅広いいちりの尾が夕方の西空に広がり、雄大な姿が見られました。南半球に現れたので、日本では見られませんでした。

豆ちしき　彗星には、生命のもとになる有機物がふくまれているものがあり、彗星は生命の

彗星と太陽風

尾を引くちりやガスは、太陽風によって太陽と反対の方向にのびます。

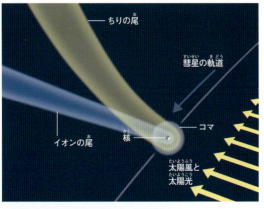

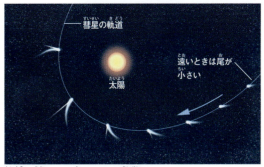

太陽に近づくと尾がのびる彗星

彗星の核は、太陽に近づくと熱せられてガスの尾とちりの尾が2本、太陽の反対方向になびきます。太陽に最も近づくころの「近日点通過」の前後が最も明るく尾が長いので、観察のチャンスは夕方の西の空か夜明け前の東の空となります。

彗星の軌道

彗星の軌道は、惑星とちがい、細長くのびた形がふつうです。楕円軌道の彗星は、周期的にもどってくるので、「周期彗星」と呼ばれます。放物線や双曲線の軌道を描き、一度しか現れないもの、軌道の傾きが立っているもの、逆回りのものなど、彗星の軌道の形はさまざまです。

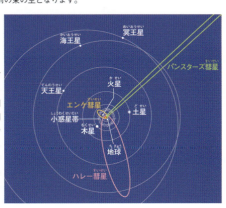

運び屋と言われることがあります。

天の川銀河の観察

太陽系と銀河の観察

地球がある太陽系は、2000億個もの星が群れ集まって渦巻く星の大集団「天の川銀河」という銀河系の一員です。この天の川銀河の直径はおよそ10万光年で、中心部のふくらんだ厚さは1.5万光年ほどです。遠くから見ると中心部のふくらんだ凸レンズのような形をしています。宇宙には、天の川銀河のような星の大集団「銀河」が無数に浮かんでいます。

夏の天の川

夏の夜空に光の帯のようにかかる美しい天の川は、天の川銀河の2000億個の星の集まりを、天の川銀河の内側からわたしたちがながめているものです。

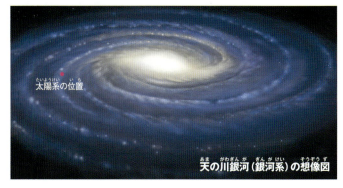

天の川銀河（銀河系）の想像図

太陽系の位置

天の川銀河は棒渦巻銀河

夜空にかかる天の川は、天の川銀河の星の大集団の姿を内側からながめたものです。では、天の川銀河を飛び出して遠くから見るとどんな姿に見えるのでしょうか。最近の観測からは、天の川銀河は中心部に長くのびた構造をもつ「棒渦巻銀河」だということがわかってきました。棒の両方の先端から渦巻がのびているのです。宇宙に浮かぶ無数の銀河にはさまざまな形のものがあります。「渦巻銀河」や「棒渦巻銀河」などのように渦巻構造をもつものから、渦巻のない「楕円銀河」などたくさんの種類が知られています。

天の川銀河全体の姿

地球がある天の川銀河（銀河系）は、直径10万光年の平べったい構造をした棒渦巻銀河です。太陽系はその中心から2万8000光年はなれており、秒速およそ220kmのスピードで回転していますが、天の川銀河をひと回りするには2億年以上かかります。天の川銀河は平べったい構造をしていますが、その円盤はハローと呼ばれる球状のものに取り囲まれています。ハローの中の天の川銀河の渦巻の外側には球状星団がたくさんあります。

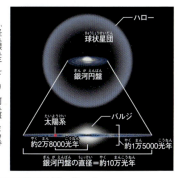

ハロー／球状星団／銀河円盤／太陽系／バルジ
約2万8000光年　約1万5000光年
銀河円盤の直径＝約10万光年

天の川銀河の中心／天の川

天の川が見えるわけ

夏のいて座の方向の天の川が明るく幅広く見えるのは、天の川銀河の中心部のぷっくりふくらんだ方向にあたっているからです。一方、冬の天の川が淡く見えるのは、星が少ない天の川銀河の外側方向を見ているからです。上の天の川銀河の構造図と見くらべてみましょう。

豆ちしき　銀河の中心部のバルジは「膨らみ」という意味があります。

太陽系と銀河の観察

銀河の観察

宇宙空間には地球がある天の川銀河（銀河系）のような、数千個もの星の大集団「銀河」があります。渦状構造をもつ「渦巻銀河」や「棒渦巻銀河」、渦巻構造のない「楕円銀河」、はっきりとした構造をもたない「不規則銀河」や「レンズ状銀河」などです。

りょうけん座M51
大小二つの銀河がくっついて手をつないで見えることから「子もち銀河」と呼ばれ人気があります。

M66の銀河群のグループ
しし座の後ろ足の部分でひとかたまりになっている銀河です。それぞれ特徴がある形は、小さな望遠鏡で見てもはっきりわかります。

かみのけ座NGC4565
天の川銀河を真横から見ると、中心部のふくらんだ、このような様子に見えるだろうと言われています。

銀河の観察

　銀河の数千個の星の大集団は、数百万光年以上遠くにあるため、望遠鏡でも星つぶは見えず、ぼんやりと淡く見えるだけです。北半球の空でしっかりと肉眼で見えるのはアンドロメダ座の銀河M31だけです。これは、4等星くらいの明るさで、月のないよく晴れた晩にはよくわかります。40億年後にはわたしたちの天の川銀河と衝突して合体するといわれ、秒速300kmのスピードで近づいてきています。双眼鏡を使うと、小さいながら見ることのできる銀河の数がふえますので、星図などを手がかりにさがしてみてください。望遠鏡だと構造らしいものがわかるので、銀河の観察がより楽しめます。

166　豆ちしき　宇宙の年齢はまだよくわかっていませんが、最近の観測では138億歳くらいではな

肉眼で見える銀河

　銀河のなかには肉眼で見えるものもあります。アンドロメダ銀河M31はやや細長く見えます。さんかく座の渦巻銀河M33は肉眼でもぎりぎり見え、双眼鏡だとよくわかります。大小マゼラン雲は日本では見ることができない南半球の銀河です。

アンドロメダ銀河 M31　　渦巻銀河M33　　大マゼラン雲　　小マゼラン雲

さまざまな銀河の分類

　天の川銀河と同じような星の大集団とはいっても、その姿形や大きさは実にさまざまです。渦巻銀河にも円盤状の渦巻がはっきりした「渦巻銀河」と、棒状にうでがのびた「棒渦巻銀河」があります。渦巻構造をもたない「楕円銀河」にも、天の川銀河よりはるかに大きい「巨大楕円銀河」やごく小さな「矮小楕円銀河」があります。また、はっきりした形をもたない「不規則銀河」があります。このほか「レンズ状銀河」や強烈な電波を放つ「電波銀河」、銀河どうしが衝突しているものなど、銀河の形態には実にいろいろなものがあります。

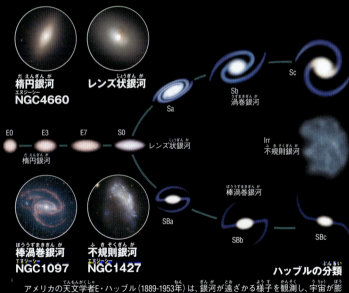

楕円銀河 NGC4660　　レンズ状銀河

E0　E3　E7　S0　レンズ状銀河
楕円銀河

Sa　Sb　Sc
渦巻銀河

Irr
不規則銀河

棒渦巻銀河 NGC1097　　不規則銀河 NGC1427

SBa　SBb　SBc
棒渦巻銀河

ハッブルの分類

　アメリカの天文学者E・ハッブル(1889-1953年)は、銀河が遠ざかる様子を観測し、宇宙が膨張していることを発見しましたが、銀河の形を分類したことでも知られています。ただし、これは銀河が進化する様子を示したものではありません。

いかと見られています。

167

銀河の集まり

　広大な宇宙空間には、地球がある「天の川銀河（銀河系）」のような星の大集団が無数に浮かんでいて、さまざまなグループをつくりながら分布しているのがわかります。

銀河群・銀河団

　宇宙に浮かぶ銀河たちの分布を見ると、たったひとつぽつんと浮かぶものはなく、たいていは群れをつくるようにして分布しています。それらの群れのうち数十個くらいの少数の銀河集団の場合は「銀河群」と呼ばれています。天の川銀河は、アンドロメダ銀河M31などと「局部銀河群」と呼ばれるグループをつくっています。その範囲はおよそ300万光年におよび、大小90個ほどの中間の銀河たちが見つかっています。銀河群より広くもっと数の多い銀河がグループを形づくっているものは「銀河団」と呼ばれます。わたしたちの天の川銀河（銀河系）も実はおとめ座銀河団の中にふくまれており、その一員なのです。おとめ座銀河団の中心にどっかりと腰を落ち着けているのが巨大楕円銀河のM87で、天の川銀河から6000万光年のところにあります。わたしたちはおとめ座銀河団のはしのあたりにいて、M87を中心におよそ2000億年かかってひと回りしているのです。現在宇宙の年齢は138億年とされているので、天の川銀河は、おとめ座銀河団の中をまだ5分の1周もしていないことになります。そしてさらに、その上には「超銀河団」があります。

宇宙の広がり－天の川銀河から大規模構造まで

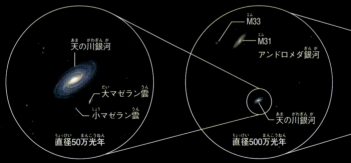

天の川銀河の周辺

　天の川銀河のすぐ近く、20万光年のところに小マゼラン雲（銀河）、16万光年のところに大マゼラン雲（銀河）という恒星の大集団があります。

局部銀河群

　アンドロメダ銀河M31が230万光年のところに、さんかく座の渦巻銀河M33が250万光年のところにあります。このほか小さな銀河もたくさんふくまれています。

しし座銀河群

しし座の方向にある銀河の群れの様子です。天の川銀河のふくまれる「局部銀河群」の近くには、このような銀河群がいくつも見つかっています。

130億光年かなたの銀河たち

宇宙では遠くを見ることは、過去の姿を見ているのと同じです。130億光年かなたを観測すると小さな銀河たちがたくさん群がっていたことがわかります。これらが衝突合体をくりかえしながらしだいに大きな渦巻銀河などに成長したのかもしれません。

宇宙の大規模構造

宇宙は銀河がつらなって密集したところと、銀河のほとんどないボイドと呼ばれる空洞がえんえんとつらなってできていると考えられています。シャボン玉のあわの膜にあたる部分を銀河がつくっています。

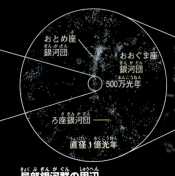

おとめ座銀河団
おおぐま座銀河団
500万光年
ろ座銀河団
直径1億光年

直径10億光年

局部銀河群の周辺

およそ6000万光年のところにおとめ座銀河団とろ座銀河団があります。局部銀河群のメンバーたちはおとめ座銀河団にふくまれています。

超銀河団

銀河団のさらに大きなものに超銀河団があると考えられています。このスケールで見ると、宇宙はまるで銀河たちが無数につらなって網目のようになっているのがわかります。

の分布の様子から初めて銀河系の姿を明らかにしました。

星座神話② おおぐま座

クマになった親子

　おおぐま座の大熊は、もともとは女神アルテミスにつかえる森や泉の妖精・カリストで、北どなりのこぐま座の小熊は、カリストの子ども・アルカスの姿だとされています。あるときカリストは、大神ゼウスとの間にできた玉のような男の子、アルカスを産みました。これを知った女神アルテミスは怒り、カリストに呪いの言葉をあびせました。するとどうでしょう。全身にはみるみる毛が生え、美しかった声もただウオーッとほえるだけになり、カリストはクマになってしまいました。15年後、アルカスは立派な狩人に成長しました。アルカスが森で狩りをしていると、りっぱなクマに出会いました。このクマは、母親カリストの変わりはてた姿でした。クマになったカリストは、なつかしさのあまり、わが子のアルカスに走り寄りましたが、母親とは気づかないアルカスは、きりりと弓を引きしぼり、母であるクマの胸を射ようとしたのです…。大神ゼウスは、二人の運命をあわれみ、つむじ風を送って二人を天に投げ上げ、おおぐま座とこぐま座の星座にしたのです。

星座神話 かに座

ふみつぶされた お化けガニ

　あるとき、英雄ヘルクレスは、レルネアの沼地にすみついて人々を苦しめていた、うみへび座の怪物ヒドラの退治に出かけることになりました。ヒドラとヘルクレスが戦っているとき、お化けガニが沼地からはい出して、ヒドラの味方をしようとしました。しかし、怪力のヘルクレスにあっさりふみつぶされて、ぺしゃんこにされてしまいました。しかし、ヘルクレスがきらいな女神ヘラが、星座にしてくれたのです。

星座神話 しし座

人食いライオンとの戦い

　ギリシャ神話の英雄ヘルクレスは、ネメアの森の人食いライオンの退治に出かけました。舌なめずりしながら現れたのは、刀や弓で傷つけることができない不死身のライオンでした。ヘルクレスは、こぶだらけのカシの木の棍棒をふるって、ライオンの頭に強烈な一撃をあびせました。ライオンがひるんだすきに組みつくと、のどもとを両腕でぎゅうぎゅうとしめ続けました。なぐりつけられ、しめつけられて息ができなくなり、さすがの人食いライオンも口から泡を吹いて息たえてしまいました。ヘルクレスは退治したライオンの皮をはぎとると、頭からかぶり、意気揚々と帰りました。夏の星座・ヘルクレス座が、頭からかぶっている獅子の皮は、退治した人食いライオンのものです。

星座神話 うみへび座

怪物ヒドラとの戦い

ヒドラといううみへび座のヘビは、頭が9つもある、とんでもない怪物です。ヒドラは、アミモーネの泉にすみつき、強烈な毒気を吹きかけて人々を苦しめていました。あるとき、ギリシャ神話第一の英雄ヘルクレスがヒドラ退治に出かけました。ヘルクレスが棍棒でヒドラの首を一つ切り落とすと、おどろいたことにその切り口から二つの首が生えてくるではありませんか。さすがのヘルクレスも困りはてましたが、切り口を素早く松明で焼き、とうとう退治することができました。このヒドラ退治のとき、ヒドラの味方として沼地から現れたのが、かに座になっているお化けガニです。

星座神話 うしかい座

牛飼いの正体は謎

牛飼いの正体ははっきりとわかっていません。星座の原名「ボーテス」は、牛を動かすという意味のギリシャ語に由来すると考えられ、「牛飼い」という呼び名もここからきていると言われています。一方、「ボーテス」は、「大声で叫ぶもの」という別の意味のギリシャ語に由来するという考えもあります。クマを追い立てる猟犬を勇気づける「勢子」の発した大きな声を表しているというものです。さらに、正体不明のこの巨人は、天をかつぐ巨人アトラスに見立てた神話も伝えられています。

星座神話 おとめ座

冬をつくった女神デメテル

　大神ゼウスの妹デメテルは、地の母とも呼ばれ、果物や野菜、花など、大地から生まれ出るすべてのものがデメテルによって支配されていました。あるとき、デメテルの一人娘のペルセポネが、デメテルの留守中に冥土の神ハデスによって冥界にさらわれるという大事件が起きました。デメテルは娘が行方不明になったと知ると、絶望のあまりエンナ谷の洞穴にこもったままになってしまいました。このため、地上は1年中冬枯れの景色となってしまいました。見かねた大神ゼウスは、デメテルの娘ペルセポネが、まだ冥土の食べ物を口にしていなければこの世へもどる望みがあるとして、冥土の神ハデスに、ペルセポネをデメテルに返すように言いつけました。ハデスはしぶしぶ承知しましたが、ザクロの実を4粒ペルセポネに渡しました。ペルセポネはその実を何気なく食べてしまい、1年のうち4か月は冥土でくらさなければならなくなってしまいました。その4か月は、悲しむ母デメテルが洞穴にこもるため、冬になるとされています。

星の神話②

星座神話 # かんむり座

置き去りにされた王女

クレタ島の王女アリアドネは、アテネの王子テーセウスに恋をしました。二人で船でアテネへと向かいましたが、途中、海が荒れたためナクソスの島へ立ち寄りました。するとその夜テーセウス王子の夢に女神アテナが立ち、「王女をつれて帰るのは不幸のもと。この島にのこしたまま船出せよ」と告げました。驚いたテーセウス王子は王女がねているすきに帆を上げ島をはなれました。夜が明け、目をさました王女は一人置き去りにされたと知ると、悲しみのあまり海に身を投げようとしました。ちょうどそこに通りかかったのが、酒の神のディオニソスの一行でした。アリアドネ王女から話を聞くと、王女をやさしくなぐさめ、花嫁に迎えることにしました。そして7つの宝石でかざった美しい冠をプレゼントしたのです。

星座神話 # ケンタウルス座

毒矢で命を落とした親切な男

ケンタウルス族は、神々さえないがしろにする、乱暴で野蛮な種族とみられ、古代ギリシャの詩人ホメロスも「野獣」と呼んでいたほ

どです。しかし、なかにはいて座になっているケイロンのような賢人もいれば、フォーローのように親切な馬人もいました。ある日、ギリシャ神話第一の英雄ヘルクレスと親しくなったフォーローは、自分の洞穴に招待して酒と焼肉をごちそうすることにしました。すると馬人たちが集まってきて、ヘルクレスにおそいかかりました。ヘルクレスはうみへび座のヒドラの毒をぬった弓矢で馬人たちを射ました。フォーローは、こんな小さな矢で馬人を倒せるのかと矢をながめているうち、うっかりその毒矢を足の上に落としてしまいました。毒がたちまち全身に回り、フォーローは息絶えたと言われています。

星座神話 さそり座

サソリを恐れる狩人オリオン

冬の星座として名高い狩人オリオンは、自分の腕っぷしの強さを自慢にして、いつも「天下に俺さまにかなうやつなどいるものか」と高言していました。オリンポス山の神々は、乱暴で行いのよくないオリオンのことを不愉快に思っていました。女神ヘラはオリオンをこらしめるため、道に大サソリを放ち、足を刺させることにしました。猛毒のサソリに刺されたとあっては、さすがのオリオンもたまりません。たちまち息絶えてしまったのでした。このため、星空で星座になってからもオリオンは、大サソリを恐れ、さそり座が見えている間はけっして姿を見せないのだと言われています。オリオン座とさそり座が、星空の位置では正反対のところにあって、同じ夜空に見えることがないことを、たくみに星座神話に結びつけたというわけです。

星座神話 いて座

教育者ケイロンの死

　ケイロンは乱暴者の多いケンタウルス族のなかにあって、めずらしくとてもかしこく正義感の強い馬人でした。しかも神々から狩りをはじめ、音楽、医術、予言の術まで教えを受け、その知識をギリシャ神話の若い英雄たちに授けていました。ある日のこと、ケイロンから教えを受けた生徒でもあるヘルクレスの放った矢が、あやまって、ひとりの馬人のうでをつらぬいて、ケイロンのひざに刺さってしまいました。この矢には、うみへび座のヒドラの猛毒がぬってあったから大変です。ケイロンは不死身に生まれついていたため、死ぬこともできずもがき苦しむばかり。とうとう痛みにたえかね、不死身の体をほかの者にゆずってやっと死ぬことができました。大神ゼウスは、立派な教育者であったケイロンの死を惜しみ、いて座として天に上げたのでした。

星座神話 てんびん座

「悪」にかたむいた天秤

　てんびん座の天秤は、正義の女神アストラエアの持ち物で、善と悪をはかる両天秤とされていました。この世が黄金の時代には、人間も動物もみんな仲よくくらしていました。そのため、世の中には悪のかけらもなく、女神の手にする天秤はいつも善の方へかたむいていました。ところが、次の銀の時代になると、人間ははだかでいるのがはずかしくなり、季節も春夏秋冬に分かれたため、人々は自分で畑を耕し、取り入れをしなければならなくなりました。こうなると、人間は自分よりほかの人がいい物をもっているような気がして、しだいにねたみ深くなっていきました。そして、強い者が弱い者をいじめるようになってしまったのでした。こんな人間たちの様子を目にして愛想をつかした神々は、次々に天上界へ帰っていきました。しかし女神アストラエアだけは「人間に正しいことを教える」と地上にとどまったのでした。ところがさらに銅の時代になると、人間は剣やお金をつくり、親兄弟の間でさえも戦争やだまし合いをするようになり、女神の天秤は悪の方へ下がりっぱなしです。あきれた女神は「この世に黄金の時代がもどるまでは帰ってきません」と言いのこし、空に上っていったと言われます。

177

星座神話 ヘルクレス座

呪われて殺された英雄ヘルクレス

　ギリシャ神話第一の英雄ヘルクレスは、大神ゼウスがペルセウス王子とアンドロメダ姫の孫娘アルクメスに産ませた子です。生まれながらにして大神ゼウスの妃ヘラ女神の「嫉妬」の呪いを受けていました。ある日のこと、ヘルクレスは理由もなく自分の美しい妻を殺し、3人の子どもたちを火の中に投げこむという大事件を起こしてしまいました。正気にもどったヘルクレスは、その罪をつぐなうため、いとこのアルゴス王エウリステウスの命令によって、非常に危険な12回もの大冒険に出かけなければならなくなりました。春の宵に見える人食いライオン（しし座）やヒドラ（うみへび座）退治、お化けガニ（かに座）退治などの冒険です。しかし、それらのどれもが、女神ヘラのさしがねによるもので、「よくぞヘルクレスめを苦しめてくれました」と星座に上げてもらったものたちでした。12回もの大冒険を無事にやりとげたヘルクレスは、ある日、大神ゼウスに感謝をささげるため、祭壇をきずき白い肌着を身に着け祈ることにしました。ところがなんと、その肌着にはヒドラの猛毒がぬってあり、全身にみるみる毒が回り、助からぬ命と知ったヘルクレスは、自ら祭壇の火の中に身を投じたのでした。ヘルクレスがこんなに悲しい最期をとげたのも、女神ヘラのせいだったのですが、この様子を天上から見ていた大神ゼウスは、炎の上に雲をおくって、ヘル

クレスの魂を天上に上げ、星座にしたのでした。「どうか、もうヘルクレスへの憎しみをお忘れくださいますように……」。オリンポスの神々は、女神ヘラを説得し、ようやくヘラはヘルクレスを許し、自分の娘ベベとヘルクレスを天上で結婚させたのでした。ヘルクレス座は淡い星ばかりで逆さまに見えていますので、ヘラの呪いはまだ完全にとけていないのかもしれません。

星座神話 こと座

約束を守れなかった音楽の名手

ギリシャ神話第一の音楽の名手オルフェウスは、美しい妻エウリュディケを不幸なできごとで失ってしまいました。しかし、オルフェウスはなんとしても妻を生き返らせたいと願い、暗くけわしい地下の道を通ってあの世の国へとおりていきました。そして、青い顔に金の冠をいただいた冥界の神ハデスの前に立ちました。しかし、「そんな前例のないことができるはずもない」とハデスにことわられてしまいました。しかし、オルフェウスが心をこめて琴をかなでると、心を打たれた神は、「地上に出るまで、決して妻の方をふりかえってはならぬぞ」と言いわたしました。オルフェウスは天にも上る気持ちで妻を後ろにしたがえ、帰り道を急ぎました。そして、この世のなつかしい洞穴の入り口から光がさしこむのを目にすると、よろこびのあまり思わず妻の方をふりかえってしまいました。そのとたん妻エウリュディケの姿は消えてしまいました。今でも晴れた晩にはオルフェウスの悲しみにくれた曲がこと座から聞こえてくると言われます。

星座神話② はくちょう座

レダから生まれた二組の双子

　大神ゼウスは、気に入った王妃レダに近づくために、愛と美の女神アフロディテに手伝ってもらうことにしました。それは、アフロディテが変身した鷲に、ゼウスの化身の白鳥が追われ、王妃レダのひざもとに逃げこむという作戦です。アフロディテとゼウスのお芝居があまりにも上手だったため、レダは白鳥を哀れに思いだきよせ、かくまってやりました。やがてゼウスの化けた白鳥が飛び去ると、レダは大きなたまごを二つ産み落としました。一方からは、男の子の双子、カストルとポルックスが生まれ、もう一方からは女の子の双子、ヘレネとクリュタイネムストラが生まれました。カストルとポルックスは、冬の夜空で「ふたご座」となってかがやいています。

星座神話 カシオペヤ座

罰として回り続ける王妃

　カシオペヤ座のW字形は、北極星のまわりをめぐっているので、W字形のかたむきが、時刻によって変化して見えます。それはカシオペヤ王妃が自分自身の美しさはもちろん、娘のアンドロメダ王女の美しさも自慢しすぎた罰として、いすにしばりつけられたまま、

1日に一度はさかさまにつるされる運命にされてしまったためだと言われます。つまり、古代エチオピア王国の人々を困らせる原因をつくっ

たカシオペヤ王妃は、北の空でぐるぐる回り続け、一年中地平線下に入って休めない運命になってしまったのです。日本の南の地方以外では、W字形が北の地平線の下にしずむことがないので、この神話通りの様子を見ることができます。

星座神話 アンドロメダ座

巨大クジラを石にして姫を救う

　アンドロメダ姫は、古代エチオピア王家のケフェウス王とカシオペヤ王妃の間に生まれた美しい王女でした。ところが、母親のカシオペヤが、自分自身のことはもちろん、娘の美しさ自慢から思わず「海の50人姉妹のだれひとりとして姫の美しさにはかないますまいよ」と口をすべらせてしまいました。それを耳にした海神ポセイドンは、かわいい自分の孫娘たちをけなされたと怒り、三つ又のほこをふりあげ、エチオピアの海岸にお化けクジラを送って、人々をこまらせ続けました。ポセイドンの怒りをしずめるには、アンドロメダ姫をお化けクジラのいけにえにささげるしかないと知った人々は、海岸の岩に姫をくさりでつなぎ、にげていきました。アンドロメダ姫は生きた心地もなくぐったりしていると、やがて巨大なクジラが真っ赤な口を開け、姫にせまってきました。そんなありさまを天馬ペガススに乗って通りかかったペルセウス王子が目にして、妖怪メデューサの生首をお化けクジラの目の前につきつけました。メデューサの顔を目にしたものはたちまち石になってしまいます。王子はメデューサを退治しての帰り道でした。これにはお化けクジラもたまらず、たちまち石となって、海底深くぶくぶくとしずんでいきました。アンドロメダ姫が無事に救い出されたと知ったケフェウス王とカシオペヤ王妃は、二人を出むかえ、ペルセウス王子の「アンドロメダ姫を私の花嫁に……」という申し出を大よろこびで承知したのでした。アンドロメダ姫も、ペルセウス王子のりりしい姿にすっかりみせられていたので、二人はめでたく結ばれることになりました。

星の神話②

星座神話 ## ペガスス座

血がかかった岩から生まれた天馬ペガスス

　勇士ペルセウスが、妖怪メデューサの首を切り落として退治したとき、その血がふりかかった岩から、翼の生えた天馬ペガススが「ヒヒヒーン」といなないて飛び出してきました。雪のように白く、美しい銀色の翼をもつペガススは自由に大空を飛ぶことができ、ペルセウス王子とともにアンドロメダ姫のお化けクジラからの救出に大活躍しました。その後ペガススは、コリント国のベレロフォンに飼われ、怪物キメラ退治に出かけたりしました。ところがベレロフォンは、自分の活躍ぶりにすっかりおごり、神々さえないがしろにするようになり、ペガススに乗って天界にかけ上ろうとしました。大神ゼウスは怒り、1匹のアブを放って、ペガススのわき腹をチクリと刺しました。おどろいたペガススはベレロフォンを振り落とし、そのまま天へと上り、ペガスス座となりました。ベレロフォンはみじめな最期であったと言われます。

星座神話 ## うお座

はなれないようにリボンでつながれた魚

　ギリシャ神話では、うお座の2匹の魚は、愛と美の女神アフロディテとその子エロスが変身した姿だとされています。アフロディテはビーナス、エロスはキューピッドの名のほうがおなじみかもしれません。あ

るとき、この親子が川の岸辺を楽しく散歩していると、ギリシャ神話で一番の悪役テュフォンが突然現れ、二人におそいかかってきました。おどろいた二人は、大あわてで魚の姿に変身すると、ざぶんと川に飛びこみました。この様子を空から見ていたアテナは、

はなればなれにならないよう、2匹の魚をリボンのようなひもで結びつけ、星座に上げたといわれています。

星座神話 やぎ座

変身に失敗した牧神

やぎ座のヤギは、魚山羊というなんとも奇妙なヤギですが、もともとは森と羊と羊飼いの神、牧神パーンの姿だったと言われています。パーンはいつも森や谷川にすむ美しいニンフ（妖精）を追いかけて遊びくらすという自由気ままな生活をしていました。あるとき、神々が川の岸辺でパーティを開くことを知り、得意の笛を吹いてみんなを喜ばせていました。ところが、そんな楽しい席へ突然暴れ者がなだれこんできました。悪名高い怪物テュフォンです。神々は思い思いの姿に変身し、われ先にとにげ出しました。パーンもすばやく魚に姿を変え、ざぶんと川に飛びこみました。ところが、あんまりあわてていたため、水につかった部分だけが魚となり、水の上に出ていた部分はヤギのままという奇妙な姿でにげることになってしまいました。その様子を見ていた大神ゼウスは大笑いし、化けそこないのヤギの姿を星座にしたのでした。

星座神話② おひつじ座

王子を救った金色のヒツジ

おひつじ座の牡羊は、ふつうのヒツジの姿を表したものではありません。その体は、金毛でおおわれ、人間の言葉を話し、空を飛ぶことができるという「スーパー牡羊」の姿を描いたものです。プリクソス王子とヘレー王女は、継母のイノーからひどくいじめられており、命さえ危ういほどでした。そこで大神ゼウスは、王子と王女の運命をあわれみ、毛が金色にかがやく牡羊を兄妹におくりました。言葉の話せる牡羊は二人を背に乗せると、たちまち空高く飛び上がりました。しかし、妹のヘレーはあまりの高さに目がくらみ、海に落ちていってしまいました。牡羊はプリクソス王子をはげまし、空を飛び続け、コルキスの国へ無事に着き、親切な国王にむかえられました。そのときの金毛の牡羊の皮ごろもは大切に保存され、おひつじ座として星座に上げられることになりました。また、牡羊の背から海に落ちたヘレー王女は、海神ポセイドンに救われ、幸せにくらしたと伝えられています。

星座神話 みずがめ座

鷲に連れ去られた美少年

みずがめ座になっているガニメデス少年の体は、永遠の美と若さを表す金色にかがやいていたと言われます。ある日、ガニメデス少年がいつものように羊の番をしていると、にわかに黒雲がわきおこり、雷の音が鳴りひびきました。突然、大きな黒鷲が目の前におりてきたかと思うと、ガニメデス少年をわしづかみにし、空高く飛び去っていきました。この黒鷲は大神ゼウスが変身したものだったのです。「お前がこのオリンポスの宮殿

の神々の酒宴の席でお酌をしてくれるなら、永遠の若さと美しさをあたえよう」と大神ゼウスが言いました。そうしてガニメデス少年はオリンポスの宮殿でくらすようになったのでした。

星座神話 オリオン座

ねたまれて命を落としたオリオン

　月と狩りの女神アルテミスは、自分につかえるたくましい狩人オリオンにいつしか心をひかれ、愛するようになっていました。兄の太陽神アポロンはそのことが気に入りません。ある

日、アポロンは、オリオンが頭だけ出して海の中を歩いているのを見つけると、日の光をあびせておいて、アルテミスに「いくらお前が弓の名人だからといって、あの光るものは射当てられまい」と言いました。アルテミスはまさかそれが愛するオリオンだとは知りません。自慢の弓に矢をつがえると、その光るものに向かって矢を射かけました。アルテミスは弓の達人なので、見事に命中しました。ところが海岸にそれが打ち上げられると、なんとそれはオリオンの変わり果てた姿でした。アルテミスは、大神ゼウスに願い出て、オリオンを星座にしてもらい、自分が銀の馬車で夜空を通るとき、いつでもオリオンに会えるようにしてもらったと言われます。冬の夜、大きな月がオリオン座のすぐ近くを通りすぎるのはこのためなのです。

185

星座神話② おおいぬ座

大ギツネと戦う猟犬

おおいぬ座とこいぬ座の2匹の大小の犬は、狩人オリオンのつれている猟犬でした。このうちおおいぬ座は、たちの悪い大ギツネを退治するために放たれた名犬ともされています。追いつ追われつする様子を天界から見ていた大神ゼウスが、2匹が傷つくのを恐れ、天界に上げ、おおいぬ座にしたと伝えられています。一方、こいぬ座は、狩人アクタイオンのつれていた50匹の猟犬のうちの一匹だったと言われます。

星座神話 おうし座

牡牛に連れ去られたエウロパ

フェニキア王の娘エウロパが、侍女たちと海辺の牧場で草つみをしていると、白い牡牛が現れ「私の背に乗ってごらんなさい」というそぶりを見せました。エウロパは気をゆるしてその背中に乗ってみました。すると、牡牛は突然立ち上がるとエウロパを背に乗せたまま、海の中へ入りはじめたではありませんか。エウロパは遠ざかっていく侍女たちに、声を限りに助けを求めましたが、やがて遠くかすんで見えなくなってしまいました。白い牡牛

はやさしい声でエウロパに言いました。「私は大神ゼウスでお前を花嫁にするのだよ……」やがて二人はクレタ島に着き、結婚しました。ヨーロッパは、エウロパ姫が上陸したところという意味で名づけられたという説もあります。

星座神話 ふたご座

カストルとポルックスの友愛

　カストルとポルックスの双子の兄弟は、ギリシャ神話のさまざまな冒険で大活躍しました。その最後の冒険は、いとこのイーダスとリュンケウス兄弟と牛の群れをつかまえにアルカディアに出かけたことでした。いとこたちは言葉たくみにカストルとポルックスをだまし、牛を横取りしました。このため言い争いになり、兄のカストルは運悪く流れ矢に当たって、命を落としてしまいました。怒ったポルックスは、たちまちいとこたちを打ちたおして、カストルのなきがらをだいて大神ゼウスにこう願い祈りました。「生まれたときも、冒険のときもいつもいっしょだったのに、不死身に生まれたわたしは死ぬことができません。わたしの不死身をといて、カストルといっしょにいられるようにしてください…」
大神ゼウスは、ポルックスの悲しみと友愛に深く打たれました。友愛のしるしとして、また人々が真の友情の尊さを忘れないためのシンボルとして、双子の姿を星空に上げてふたご座としたと言われます。

天体望遠鏡を使う❶

星空は肉眼でながめるだけでも十分に楽しめますが、望遠鏡などがあると、さらに楽しむことができます。望遠鏡メーカーのカタログや天文雑誌の記事、光学品ショップの最新の資料などを集めて検討し、手に入れてみましょう。また、近くにある科学館や公開天文台に出かけて専門家の意見を聞いてみるのもいいでしょう。

3種類の天体望遠鏡

屈折望遠鏡

対物レンズで集めた星の光を接眼レンズで拡大して見るのが屈折望遠鏡です。天体望遠鏡としては最も一般的なものですが、口径が10cmをこえる大きな屈折望遠鏡だと、それを支える架台の部分も大きくなり、値段が少し高くなります。しかしじょうぶで長持ちする上、めんどうな光軸合わせの必要もなく、保守点検の手間もかからないので、取りあつかいが簡単で初心者におすすめです。

反射望遠鏡

反射凹面鏡で集めた光を接眼レンズで拡大して見るのが反射望遠鏡です。屈折望遠鏡とちがってさまざまな構造のものが考え出されていますが、最もポピュラーなのがニュートン式と呼ばれる反射望遠鏡です。接眼部が筒の先端あたりにあるので、楽な姿勢で見ることができます。反射鏡は口径の大きめのものが安くできるので、20cm以上の望遠鏡は反射式のものが多くなっています。

シュミット・カセグレン式望遠鏡

反射望遠鏡のなかで光を筒の後方にみちびくカセグレン式のタイプに似ていますが、筒口に補正レンズをつけ、星の像がより広い範囲にわたってよくなるように工夫されたものです。口径が大きいわりに鏡筒が短めで、移動などが簡単にでき、扱いやすいのが利点です。マンションのベランダなどせまいところでも使いやすく、20〜30cmクラスの大きな口径のものが一般的です。反射望遠鏡タイプのものは光軸合わせなど少し手がかかります。

豆ちしき 反射凹面鏡や接眼レンズを望遠鏡メーカーから手に入れれば、天体望遠鏡は自作

架台の種類と特徴

　天体望遠鏡では、50倍、100倍といった高い倍率で天体を見ることになるため、望遠鏡がほんのわずかでもずれると、天体の像が見えにくくなってしまいます。天体望遠鏡の鏡筒をしっかりささえる「架台」はできるだけじょうぶなものを選びましょう。ちょっとふれただけでぐらぐらするような架台はさけたほうがよいでしょう。さらに天体は日周運動によってどんどん動いていくので、星の追尾ができるだけスムーズにいくように、精度よく動くものを選ばなければなりません。最近はモーターで自動的に追尾する架台も、発売されています。

経緯台式
　鏡筒を上下と水平方向に動かし天体を視野内にとらえる、最もシンプルな架台です。

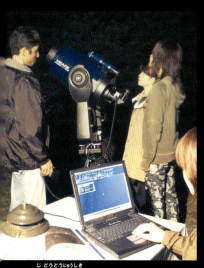

自動導入式
　パソコンによる天体の自動導入と星の追尾のシステムをもつ便利な架台です。

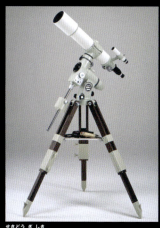

赤道儀式
　動く天体の追尾はかんたんですが極軸を天の北極に合わせる必要があります。

することができます。

天体望遠鏡を使う❷

みんなで楽しい天体観測会に参加しましょう。

適した倍率で見る

　天体望遠鏡と言えば、だれでも気になるのが「倍率」です。高い倍率ほど天体の像をより大きく拡大してよく見ることができると思うでしょう。もちろん倍率はある程度は高いほうがよいですが、むやみに高くするのはあまりよいことではありません。望遠鏡の性能は、倍率が高いか低いかより、対物レンズや反射鏡の口径の大小によって決まるという性質があるからです。つまり小さな口径で倍率を高くしても、像はぼやけて暗くなり、かえって見えにくくなってしまいます。

口径のちがいと見え方のちがい

　同じ倍率でも小口径では像が暗くぼけ（左）、口径が大きいと像が明るく鮮明になります（右）。

口径が大きいほど細かいところが見える

　望遠鏡のカタログや広告を見ると、その望遠鏡の性能を示した数字のなかに「分解能」というのがあります。これは文字通り、ごく接近した2つの点をはっきり2つに見分けられるかという性能を示したものです。月面や惑星の表面に見える地形や二重星など接近した天体をどこまで細かく見分けられるかを示しています。口径が大きいほど、分解能は向上するので、口径が大きい望遠鏡ほど有利になります。望遠鏡を選ぶ場合は、10～20cmくらいの口径があつかいやすく、おすすめです。

豆ちしき　望遠鏡の性能表の極限等級は夜空の暗く澄んだ場所で見たときのものです。都

口径	集光力(肉眼=1)	分解能	極限等級	有効最低倍率	有効最高倍率
3cm	18	3.87	9.5～ 9.1	4	30
5	51	2.32	10.6～10.3	7	50
6	73	1.93	11.0～10.7	9	60
6.5	86	1.78	11.2～10.8	9.5	65
7.5	115	1.54	11.5～11.1	10	75
8	131	1.45	11.6～11.3	11	80
10	204	1.16	12.1～11.8	14	100
12	293	0.97	12.5～12.2	17	120
15	460	0.77	13.0～12.7	21	150
20	820	0.58	13.6～13.3	29	200
25	1300	0.47	14.1～13.8	36	250
30	1840	0.39	14.5～14.2	43	300
40	3265	0.29	15.1～14.8	57	400

望遠鏡の性能表

集光力は、人間の瞳とくらべて何倍の光を集められるかを示したもので、肉眼は1です。倍率の限界は有効最高倍率の2倍くらいです。

口径が大きいほど明るく見える

　天体からの光を集める能力「集光力」は、望遠鏡の口径が大きいほど有利になります。口径が大きいほど天体からの光を集めることができるからです。同じ倍率で天体を見た場合、大きな口径の望遠鏡で見たほうが天体の像がより明るく見えるようになります。言いかえれば、口径の大きい望遠鏡ほど見える星の「限界等級」が上がります。たとえば、口径5cmだと10等星くらいの星まで観測できますが、口径10cmだと12等星くらいまで見えるようになります。わずか2等のちがいですが、見ることのできる天体の数の差は非常に大きなものです。

赤道儀の原理

　赤道儀式の架台は、「極軸を正しく天の北極方向へ向ける」というのが大原則です。

赤道儀式架台の使い方

　経緯台式の架台は、鏡筒を上下左右方向に動かせるだけなので、日周運動で動いていく天体の追尾には微動操作でいそがしくなってしまいます。その点「赤道儀式」の架台は、極軸を天の北極方向に正しくセッティングすれば、赤緯方向のハンドルを動かすだけで、天体を視野の中央にとらえ続けることができ、天体の追尾がとても楽になります。予算がゆるせば、自動追尾してくれるモーター付の架台がおすすめです。

会や透明度が落ちると限界等級まで見えないことがあります。

天体写真を撮る❶

星座ばかりでなく、日食や月食、惑星の姿や彗星、流れ星などの天体現象をデジタルカメラや携帯電話、スマートフォンなどで記録するのはとても楽しいものです。ふだんの風景写真を写すのとあまり変わらない方法で撮影できるので、ぜひチャレンジしてみましょう。

どんなカメラでも写せる

　天体を撮影するとき、専用の特殊カメラなどは必要ありません。ふだん使っているデジタルカメラやビデオカメラ、携帯電話やスマートフォンなどがそのまま使えます。ただ、星座や天体は一般的に、昼間の被写体とくらべ暗いものが多いので、長めの露出時間ができるカメラが使いやすいでしょう。さらに、本格的に星座などをねらいたいときは、指でシャッターをおすのではなく、レリーズを用意するとよいでしょう。また、カメラをしっかり固定するために、少しじょうぶな三脚があると、長めの露出によるカメラのぶれをふせぐことができます。

1分間露出で撮影したオリオン座

カメラの構え方

　風景や人物を写すときは、露出時間がとても短いので、カメラを手に持って撮影することができます。星座や天体の撮影では、数秒間から数分間くらい露出しなければならないので、カメラが動かないよう三脚にしっかり固定する必要があります。しかし、旅先などでとっさに撮影したいときがあるかもしれません。そんなときは、じょうぶなものにカメラを固定して露出するというやり方でも撮影できます。ポイントはカメラぶれすることなく写すことです。

露出時間

　星座を写したいときには、数十秒間露出をしてみてください。星はほとんど見たままのように写ります。これをさらに数分間カメラのシャッターをあけたまま長時間露出すると、星はみんな長くのびて写ります。デジカメなどの場合には、モニターでその写り具合がたしかめられます。自分のイメージに合う露出時間を決めましょう。

4分間露出で撮影したオリオン座

ガイド撮影

　カメラを三脚にしっかり固定して撮影する方法で、肉眼で見えない暗い星や淡い星雲・星団、彗星の尾や流れ星の痕、天の川などたいていのものを写すことができます。さらに、カメラを赤道儀にのせ、日周運動で動いていく星の動きに合わせて追尾していくと、星の光を集積できるので、より暗く淡い星雲・星団の姿を明るくとらえることができます。星を追尾しての撮影を「ガイド撮影」と呼びます。ガイド撮影のためには、モータードライブ付の赤道儀が必要です。夜空の暗い場所へ手軽に持ち運べるガイド撮影専用のポータブルな架台もあります。

5分間の ガイド撮影をした オリオン座

　肉眼では見えない淡い散光星雲や暗い小さな星まで写し出された美しい星座写真となっています。

ガイド撮影の架台例

　ガイド撮影専用の架台で、星の追尾も正確にしてくれます。架台にはいろいろなタイプのものがあるので、望遠ショップやカタログで用途に合うものを選びましょう。

ライブ情報
天体写真を撮る❷

月や惑星を写す

　星座写真ばかりではなく、月や明るい惑星などの姿をアップで撮影したくなることがあります。そんなときは、肉眼で望遠鏡をのぞくようにして、デジタルカメラや携帯電話、スマートフォンに望遠鏡をのぞかせて撮影するとよいでしょう。デジタルカメラなどが自分の目のかわりになります。月や惑星は、星よりも明るいので写しやすいです。カメラなどを接眼部に近づけ、ピントをよく合わせてから、シャッターを切ります。デジタルカメラや携帯電話、スマートフォンはモニターの画面ですぐに結果がわかるので、写し直しも簡単で月や惑星を写すのに適しています。

カメラ望遠鏡アダプター

望遠鏡とカメラの取り付け方の例

　望遠鏡にデジタルカメラや携帯電話、スマートフォンなどを接続して月や惑星の拡大写真を撮るときの方法です。カメラのところにデジタルカメラや携帯電話、スマートフォンをもってきますが、ふつうはコリメート方式で写します。

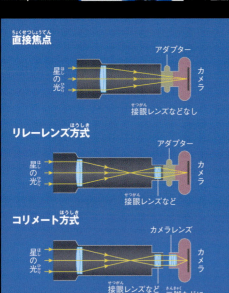

恒星のデータ

ここには、肉眼で見る明るさの階級を示す実視等級（22ページ）が1.5等より明るい21個の恒星を1等星として、さまざまなデータをのせてあります。どれもみな星空ではよく目立つ明るい星々です。「主な恒星」も、肉眼で見られます。

1等星のデータ

星名	固有名	星座	赤経	赤緯	実視等級	スペクトル型	距離（光年）	備考
α Eri	アケルナル	エリダヌス	01h 37m .2	-57° 14′	0.5 等	B3	140	
α Tau	アルデバラン	おうし	04 35 .9	+16 31	0.8	K5	67	
β Ori	リゲル	オリオン	05 14 .5	-08 12	0.1	B8	863	
α Aur	カペラ	ぎょしゃ	05 16 .7	+46 00	0.1	G5+G0	43	重星
α Ori	ベテルギウス	オリオン	05 55 .2	+07 24	0.4	M1	497	変光星
α Car	カノープス	りゅうこつ	06 24 .0	-52 42	-0.7	F0	309	
α CMa	シリウス	おおいぬ	06 45 .1	-16 43	-1.5	A1	8.6	
α CMi	プロキオン	こいぬ	07 39 .3	+05 14	0.4	F5	11	
β Gem	ポルックス	ふたご	07 45 .3	+28 02	1.1	K0	34	
α Leo	レグルス	しし	10 08 .4	+11 58	1.3	B7	79	
α Cru	アクルックス	みなみじゅうじ	12 26 .6	-63 06	0.8	B0.5	324	重星
β Cru	ベクルックス（ミモザ）	みなみじゅうじ	12 47 .7	-59 41	1.3	B0.5	279	
α Vir	スピカ	おとめ	13 25 .2	-11 10	1	B1	250	
β Cen	ハダル（アゲナ）	ケンタウルス	14 03 .8	-60 23	0.6	B1	392	
α Boo	アルクトゥルス	うしかい	14 15 .7	+19 11	0	K1	37	
α Cen	リギル	ケンタウルス	14 39 .6	-60 50	-0.3	G2+K1	4.3	重星
α Sco	アンタレス	さそり	16 29 .4	-26 26	1	M1.5	553	変光星
α Lyr	ベガ	こと	18 36 .9	+38 47	0	A0	25	
α Aql	アルタイル	わし	19 50 .8	+08 52	0.8	A7	17	
α Cyg	デネブ	はくちょう	20 41 .4	+45 17	1.3	A2	1412	
α PsA	フォーマルハウト	みなみのうお	22 57 .6	-29 37	1.2	A3	25	

赤経、赤緯：（17ページ、200ページ参照）
スペクトル型：恒星の表面温度などは光を調べることでわかります。スペクトル型は、恒星の光を分解して調べ、その特徴別に分類し、記号で表したものです。温度の高い方からO、B、A、F、G、K、Mの順になります。
重星：複数の星がきわめて近接して見える恒星で、星の数によって二重星、三重星などと呼びます。実際にははなれている星が、たまたま同じ方向にあるために近接して見えるものを「光学的重星」と言います。実際に近くにあって、おたがいのまわりを回り合うなど、影響をおよぼし合っているものを「連星」と言います。

恒星のデータ

主な恒星のデータ

星名	固有名	星座	赤径	赤緯	実視等級	スペクトル型	距離(光年)	備考
α And	アルフェラッツ	アンドロメダ	00h 08m .4	+29° 05′	2.1 等	B8	97	
β Cas		カシオペヤ	00 09 .1	+59 09	2.3	F2	55	
α Cas		カシオペヤ	00 40 .5	+56 32	2.2	K0	228	
α Ari		おひつじ	02 07 .2	+23 28	2	K2	66	
o Cet	ミラ	くじら	02 19 .3	-02 59	2.0～10.1	M7	326	脈動変光星
α UMi	北極星	こぐま	02 31 .8	+89 16	2	F7	433	
β Per	アルゴル	ペルセウス	03 08 .2	+40 57	2.1	B8+G8	90	食変光星
α Per		ペルセウス	03 24 .3	+49 52	1.8	F5	507	
β Tau		おうし	05 26 .3	+28 36	1.7	B7	134	
γ Ori		オリオン	05 25 .1	+06 21	1.6	B2	252	
ε Ori		オリオン	05 36 .2	-01 12	1.7	B0	1977	
ζ Ori		オリオン	05 40 .6	-01 57	1.8	O9.5+B0	735	
β Aur		ぎょしゃ	05 59 .5	+44 57	1.9	A2	81	
β CMa		おおいぬ	06 22 .7	-17 57	2	B1	493	
γ Gem		ふたご	06 37 .7	+16 24	1.9	A0	109	
ε CMa		おおいぬ	06 58 .6	-28 58	1.5	B2	405	
δ CMa		おおいぬ	07 08 .4	-26 24	1.8	F8	1615	
α Gem	カストル	ふたご	07 34 .6	+31 53	1.6	A1+A2	51	重星
α Hya		うみへび	09 27 .6	-08 40	2	K3	180	
γ Leo		しし	10 20 .0	+19 51	1.9	K1+G7	130	
α UMa		おおぐま	11 03 .7	+61 45	1.8	K0	123	
γ Cru		みなみじゅうじ	12 31 .2	-57 07	1.6	M3	89	
ε UMa		おおぐま	12 54 .0	+55 58	1.8	A0	83	
η UMa		おおぐま	13 47 .5	+49 19	1.9	B3	104	
λ Sco		さそり	17 33 .6	-37 06	1.6	B2	570	
θ Sco		さそり	17 37 .3	-43 00	1.9	F1	300	
ε Sgr		いて	18 24 .2	-34 23	1.8	B9	143	

食変光星、脈動変光星：明るさが時間とともに変わる星を変光星と言います。食変光星は、2個、あるいは数個の星からなる連星が、観測者から見て、おたがいがおおいかくし合い、見かけの明るさが変化するタイプの変光星です。脈動変光星は、一つの星が膨張したり収縮したりする変化に合わせて明るさを変える変光星です。

星団・星雲・銀河のデータ

ここには、肉眼ではむずかしくても、双眼鏡があればうっすらとでも見ることのできる天体のデータを紹介しています。

明るい球状星団

メシエ番号	NGC	星座	赤経	赤緯	視直径	明るさ	距離(万光年)	備考
(ω)	5139	ケンタウルス	13h 26m .8	-47° 29′	65′	4.8等	1.7	肉眼でわかる
3	5272	りょうけん	13 42 .2	+28 23	19	6.9	3.4	双眼鏡で存在がわかる
5	5904	へび(頭)	15 18 .6	+02 05	20	6.7	2.5	双眼鏡で存在がわかる
4	6121	さそり	16 23 .6	-26 32	23	7.1	0.7	星がまばら、双眼鏡で見える
13	6205	ヘルクレス	16 41 .7	+36 28	23	6.4	2.5	大型で美しい
12	6218	へびつかい	16 47 .2	-01 57	12	7.6	1.6	小望遠鏡で星雲状
10	6254	へびつかい	16 57 .1	-04 06	12	7.3	1.4	小望遠鏡で星雲状
22	6656	いて	16 36 .4	-23 54	18	6.3	1	双眼鏡で存在がわかる
55	6809	いて	19 40 .0	-30 57	19	4.4	1.9	南に低く淡い
15	7078	ペガスス	21 30 .0	+12 10	12	7	3.4	双眼鏡で存在がわかる
2	7089	みずがめ	21 33 .5	-00 50	12	6.9	3.7	双眼鏡で存在がわかる
30	7099	やぎ	21 40 .4	-23 11	6	6.4	4.1	やや小型、双眼鏡で見える

明るい散開星団

メシエ番号	NGC	星座	赤経	赤緯	視直径	明るさ	星数	距離(光年)	備考
(h)	869	ペルセウス	02h 19m .0	+57° 09′	30′	4.4等	300	7170	ペルセウス座の二重星団
(χ)	884	ペルセウス	02 22 .5	+57 07	30	4.7	240	7500	
45	—	おうし	03 47 .1	+24 06	120	1.4	120	410	プレアデス、すばる
ヒアデス	—	おうし	04 26 .9	+15 52	400	0.8	100	100	おうしの顔
38	1912	ぎょしゃ	05 28 .7	+35 50	18	7.4	100	4300	双眼鏡で見える
36	1960	ぎょしゃ	05 36 .3	+34 08	17	6.3	50	4140	双眼鏡で見える
37	2099	ぎょしゃ	05 52 .3	+32 33	25	6.2	200	4400	双眼鏡で見える
35	2168	ふたご	06 08 .8	+24 20	40	5.3	120	2600	双眼鏡で楽
41	2287	おおいぬ	06 47 .0	-20 46	30	5	50	2500	シリウスの南
46	2437	とも	07 41 .8	-14 49	24	6	150	5900	双眼鏡で星雲状
44	2632	かに	08 40 .0	+19 59	90	3.7	100	590	プレセペ、肉眼で見える
67	2682	かに	08 51 .3	+11 48	17	6.1	80	2350	望遠鏡向き
6	6405	さそり	17 40 .0	-32 12	25	5.3	50	1850	双眼鏡がよい
23	6494	いて	17 56 .9	-19 01	25	6.9	120	4500	双眼鏡で星雲状
11	6705	たて	18 51 .1	-06 16	15	6.3	500	5610	双眼鏡でわかる
39	7092	はくちょう	21 31 .8	+48 26	30	5.2	20	880	双眼鏡がよい

惑星状星雲・散光星雲・銀河のデータ

明るい惑星状星雲

メシエ番号	NGC・IC	星座	赤経	赤緯	大きさ	明るさ	距離(光年)	備考
1	1952	おうし	05h 34m .5	+22° 01′	6′ × 4′	8.6 等	7200	かに星雲
97	3587	おおぐま	11 14 .9	+55 01	3.4 × 3.3	12	1800	ふくろう星雲
57	6720	こと	18 53 .6	+33 02	1.4 × 1.0	9.3	2600	環状星雲
27	6853	こぎつね	19 59 .6	+22 43	8 × 4	7.6	820	あれい状星雲
—	7293	みずがめ	22 29 .7	-20 48	15 × 12	6.5	490	らせん星雲

明るい散光星雲

メシエ番号	NGC・IC	星座	赤経	赤緯	大きさ	距離(光年)	備考
42	1976	オリオン	05h 35m .3	-05° 27′	66′ × 60′	1500	大星雲、肉眼で見える
—	IC434	オリオン	05 41 .1	-02 24	60 × 10	1100	馬頭星雲付近
—	2237	いっかくじゅう	06 32 .3	+05 03	64 × 61	4600	バラ星雲
20	6514	いて	18 02 .4	-23 02	29 × 27	5600	三裂星雲
8	6523	いて	18 03 .7	-24 23	60 × 35	3900	干潟星雲
16	6611	へび(尾)	18 18 .9	-13 47	35 × 28	5600	わし星雲
17	6618	いて	18 20 .8	-16 11	46 × 37	6500	オメガ星雲
—	6960	はくちょう	20 45 .7	+30 43	70 × 6	1800	網状星雲
—	7000	はくちょう	20 58 .8	+44 20	120 × 100	2000	北アメリカ星雲

明るい銀河

メシエ番号	NGC	星座	赤経	赤緯	視直径	明るさ	距離(万光年)	備考
31	224	アンドロメダ	00h 42m .0	+41° 16′	180′ × 63′	4.0 等	230	大銀河、肉眼で見える
—	253	ちょうこくしつ	00 47 .6	-25 17	25 × 7	8	880	
—	小マゼラン雲	きょしちょう	00 51 .0	-72 50	280 × 160	2.8	20	南天、肉眼で見える
33	598	さんかく	01 33 .8	+30 39	62 × 39	6.3	250	肉眼でかすか
—	大マゼラン雲	かじき	05 24 .0	-69 45	650 × 550	0.6	16	南天、肉眼で見える
81	3031	おおぐま	09 55 .6	+69 04	26 × 14	7.8	1200	
82	3034	おおぐま	09 55 .8	+69 41	11 × 5	9.3	1200	
65	3623	しし	11 18 .9	+13 22	8 × 2	9.9	2700	
66	3627	しし	11 20 .2	+12 59	9 × 4	9.7	2700	
106	4258	りょうけん	12 19 .0	+47 18	18 × 8	9	2100	
104	4594	おとめ	12 40 .0	-11 37	9 × 4	9.3	4600	ソンブレロ銀河
94	4736	りょうけん	12 50 .9	+41 07	11 × 9	8.9	1600	
64	4826	かみのけ	12 56 .7	+21 41	9 × 5	9.4	1600	黒眼銀河
63	5055	りょうけん	13 15 .9	+42 02	12 × 8	9.3	2400	
51	5194	りょうけん	13 29 .9	+47 12	11 × 8	9.5	2100	子もち銀河
83	5236	うみへび	13 37 .7	-29 52	11 × 10	8.2	1600	
101	5457	おおぐま	14 03 .2	+54 21	27 × 26	8.2	1900	

星・星座のキーワード

この図鑑を読むときに、おぼえておくとより理解が深まる用語を集めてあります(本文中にはない用語もあります)。

NGC天体

ウイリアム・ハーシェル(1738～1822年)親子がつくった星雲、星団、銀河の「ジェネラルカタログ」に、1888年にジョン・ドレイヤー(1852～1926年)が天体を追加して「ニュー・ジェネラルカタログ(New General Catalogue)」として発表しました。天体名には英語の頭文字のNGCと番号がつけられて、全部で7840個がおさめられています。

球状星団

数万から数百万個の星が球のように集まっている星団(星の集団)で、多くの星が年齢100億歳をこえています。銀河系の中では、これまで150個くらい見つかっています。(M53のように、老いた星と若い星がまざりあった球状星団もあります)

恒星月

月が天球上にある星に近づいてから、ふたたび同じ星の位置にくる約27.3日の周期。

恒星の名前

恒星は、シリウスやアルタイルというように固有の名前のほかに、いくつかの表し方があります。よく使われるドイツのバイヤーによる表し方では、星座ごとの明るい星の順にα、β、γというギリシャ文字がふられます。たとえばシリウスは、おおいぬ座のα星となります。

黄道

地球をおおう空を球体と見なして「天球」と呼んでいます。地球の公転にともなって、太陽は、見かけの上で天球上の星座の間を1年かけてゆっくりと移動します。天球をぐるりとひと回りするその道筋が黄道です。(地球が太陽を公転してできる軌道面を「黄道面」と言います)

光年

星と星との距離などを表すには、mやkmなどでは数値が大きくなりすぎて不都合です。そこで、天文学では、1秒間に約30万キロ進む光が、1年かけて進む距離・約9兆5000億kmを1光年という単位にして使います。

朔望月

新月から始まり、三日月、上弦、満月となり、下弦をすぎて、ふたたび新月にもどる月の満ち欠けの周期です。1朔望月は約29.5日です。

散開星団

数十から数百個ぐらいの星の集団で、青白くかがやく生まれて間もない若い星で構成されています。プレアデス星団M45などが有名です。

準惑星

2006年8月、国際天文学連合（IAU）は惑星の定義として、1. 太陽のまわりを回っていること。2. 自分の重力で丸い形になっていること。3. 自分の軌道近くにほかの天体がないこと。という3つの条件を定めました。その結果、長い間9番目の惑星とされてきた冥王星は、3の条件を満たしていないことから惑星の地位からはずされました。そのころ、冥王星の近くに、太陽を公転するたくさんの小型の天体があることが明らかになったためです。同時に、惑星に準ずる天体として準惑星が定義づけられ、冥王星や太陽系外縁天体のエリス、最大の小惑星ケレスなどが準惑星に分類されました。

赤経と赤緯

天球上の天体の位置を表すためのもので、地球上の経度や緯度にあたります。赤緯は天の赤道を基準の0°として、天の北極までの90°、天の南極までの−90°を測ります。赤経はうお座の「春分点」（天の赤道と黄道が交わる2点のうちの一方）を基準の0°として、東回りに360°を測ります。赤緯は角度で表しますが、赤経の場合は、春分点からはじまり、東回りに1周を24時間に分け、たとえば8時14分53秒（8h14m53s）というように表します。(17ページ)

太陰暦

太陰とは月のことで、月の満ち欠けの周期である朔望月を基準につくられた暦で、1朔望月は約29.5日です。そこでひと月が29日と30日の月を組み合わせた12か月の354日を1年としています。

太陰太陽暦

太陰暦の1年は、地球が太陽を1周する約365日よりも11日ほど短いので、何十年もすると、暦の上の季節と実際の季節がずれて合わなくなります。そこで、3年ごとに一度、1か月余分な「うるう月」を入れるなどして季節のずれを解消した暦がつくられました。これを「太陰太陽暦」と言います。日本でも、中国から伝わり、長く使われていましたが、明治の初めからは現在の太陽暦に変えました。太陰太陽暦は旧暦とも言い、今でも、年中行事や占いなどでは使われています。

太陽暦

地球が太陽を1周する周期（太陽年という）を基準につくられた暦です。太陽年はおよそ365.242189日なので、単純に1年を365日とすると4年間で約1日のずれが生じます。そこで、ずれを直すために4年に1度「うるう日」を入れた「うるう年」をもうけています。日本では明治5年から採用され、現在もほとんどの国で使われています。

天の赤道

赤道は、地球の中心を通り、地球の自転軸に垂直な平面が地球の表面と交わってできる線です。天の赤道は、その平面（赤道面）を天球上までのばし交わってできる、天球を一周する線です。(17ページ)

白道

地球を公転する月が、天球の星座の間を約27.3日かけて一周する道筋です。地球の公転面（黄道面）に対して、月の公転面は約5°傾いているので、白道も黄道に対して同じだけ傾いています。

メシエ天体

フランスの天文学者シャルル・メシエ（1730〜1817年）がつくった『メシエカタログ』にのっている星雲・星団・銀河です。オリオン大星雲なら「M42」というように、頭文字のMと数字がついています。

さくいん INDEX

※この本に出ている星や星座などの名前が、アイウエオ順に出ています。

ア

- □ 秋の星座 —————— 82
- □ 明けの明星 —————— 141
- □ 天の川 —————— 164
- □ 天の川銀河（銀河系） —————— 164
- □ アルクトゥールス —————— 52
- □ アルゴ船座 —————— 122
- □ アルコル —————— 44
- □ アルゴル —————— 90
- □ アルタイル —————— 76、164
- □ アルデバラン —————— 114
- □ アルハルド（アルファルド） —————— 51
- □ アルビレオ —————— 78
- □ あれい状星雲 —————— 80
- □ アンタレス —————— 64
- □ アンドロメダ銀河 —————— 167
- □ アンドロメダ座 —————— 24、34、92、181
- □ アンドロメダ座ガンマ星 —————— 93

イ

- □ イシス —————— 148
- □ いっかくじゅう座 —————— 24、34、120
- □ 1等星 —————— 195
- □ いて座 —————— 24、34、66、176
- □ イトカワ —————— 149
- □ いるか座 —————— 24、34、80
- □ いるか座γ星 —————— 81
- □ 隕石 —————— 149
- □ インディアン座 —————— 24、34

ウ

- □ うお座 —————— 24、34、100、182
- □ うさぎ座 —————— 25、34、120
- □ うしかい座 —————— 25、34、52、172
- □ 渦巻銀河 —————— 167
- □ うみへび座 —————— 25、34、50、172

エ

- □ エッジワース・カイパーベルト天体 —————— 157
- □ NGC天体 —————— 199
- □ NGC104 —————— 127
- □ NGC253 —————— 97
- □ NGC891 —————— 93
- □ NGC1097 —————— 167
- □ NGC1427 —————— 167
- □ NGC1499 —————— 91
- □ NGC2024 —————— 111
- □ NGC2158 —————— 119
- □ NGC4565 —————— 166
- □ NGC4660 —————— 167
- □ NGC6781 —————— 77
- □ NGC7000 —————— 79
- □ NGC7293 —————— 102
- □ M2 —————— 102
- □ M3 —————— 53
- □ M4 —————— 65
- □ M6 —————— 65
- □ M7 —————— 65
- □ M8 —————— 67
- □ M10 —————— 72
- □ M13 —————— 70
- □ M15 —————— 94
- □ M20 —————— 67
- □ M27 —————— 80
- □ M30 —————— 99

この本を天体観測などにもっていき、実際に見た星座や星を、さくいんの前の□にチェックして

M31	167
M33	93、167
M35	119
M42	110
M51	53、166
M52	89
M57	74
M66銀河群	49、166
M74	101
M80	65
M81	43
M82	43
M97	43
M104	55
M108	43
エリダヌス座	25、34、116

オ

おうし座	25、34、114、186
おおいぬ座	25、34、112、186
おおかみ座	26、34、58
おおぐま座	26、34、42、170
おとめ座	26、34、54、173
おとめ座銀河団	55、168
おひつじ座	26、34、100、184
ω星団	59
オリオン座	26、34、108、185
オリオン大星雲	110

カ

海王星	156
皆既月食	138
皆既日食	137
外合	142
ガイド撮影	193

がか座	26、34
カシオペヤ座	26、34、86、180
カシオペヤ座エータ星	87
かじき座	26、34
カストル	119
火星	144
架台	189
かに座	27、34、46、171
カノープス	123
かみのけ座	27、35、54
カメレオン座	27、35
からす座	27、35、50
カリフォルニア星雲	91
ガリレオ衛星	151
環状星雲	74
かんむり座	27、35、56、174

キ

北アメリカ星雲	79
球状星団	197、199
極大日	160
局部銀河群	168
きょしちょう座	27、35
ぎょしゃ座	27、35、116
きりん座	27、35、116
銀河	166、198
銀河群	168
銀河系（天の川銀河）	164
銀河団	168
金環日食	137
金星	141

ク

くじゃく座	27、35
くじら座	27、35、96

いこう。テレビや、ほかの本などで見た場合でもOK。あなただけのさくいんができるよ。

- 屈折望遠鏡　—————— 188
- クレーター　—————— 134

ケ

- 経緯台式　—————— 189
- 月食　————— 136、138
- 月齢　—————— 135
- ケフェウス座　—— 28、35、88
- ケフェウス座デルタ星　—— 88
- ケレス　—————— 148
- 牽牛星　—————— 77
- ケンタウルス座　— 28、35、58、174
- ケンタウルス座α星　—— 59
- けんびきょう座　—— 28、35、98

コ

- こいぬ座　——— 28、35、112
- 合　—————— 142
- 口径　—————— 188
- 恒星の名前　—————— 199
- 恒星月　—————— 199
- 黄道　———— 17、129、199
- 光度　————— 22、199
- 黄道12宮　—————— 129
- 黄道12星座　—————— 128
- 光年　————— 22、200
- こうま座　——— 28、35、94
- コール・サック　—————— 126
- こぎつね座　——— 28、35、80
- 黒点　—————— 133
- こぐま座　——— 28、35、42
- こじし座　——— 28、35、48
- コップ座　——— 28、35、50
- こと座　—— 28、35、74、179
- こと座エプシロン星　—— 75

- 小三つ星　—————— 111
- 子もち銀河　—————— 53
- コル・カロリ　—————— 52
- コロナ　—————— 137
- コンパス座　——— 28、35

サ

- さいだん座　——— 28、35
- 朔望月　—————— 200
- さそり座　——— 29、35、64、175
- 散開星団　————— 197、200
- さんかく座　——— 29、35、92
- 散光星雲　—————— 198
- 散在流星　—————— 159
- 三裂星雲　—————— 67

シ

- しし座　——— 29、36、48、171
- しし座銀河群　—————— 169
- しし座流星群　—————— 158
- ししの大がま　—————— 49
- 自動導入式　—————— 189
- 周期彗星　—————— 162
- 集光力　—————— 191
- 主系列星　—————— 23
- シュミット・カセグレン式望遠鏡　188
- 春分点　—————— 16
- 準惑星　————— 149、200
- 衝　—————— 142
- じょうぎ座　——— 29、36
- 小接近　—————— 144
- 小マゼラン雲　———— 127、167
- 小惑星　—————— 148
- 小惑星帯　—————— 149
- 織女星　—————— 77

204

- □ 食変光星（しょくへんこうせい）——————— 91
- □ シリウス——————————— 112
- □ 新月（しんげつ）——————————— 135

ス

- □ 彗星（すいせい）——————————— 161
- □ 水星（すいせい）——————————— 140
- □ スーパーマーズ——————— 145
- □ スーパームーン——————— 134
- □ すばる——————————— 114
- □ スピカ————————— 23、54、58

セ

- □ 西矩（せいく）——————————— 142
- □ 西方最大離角（せいほうさいだいりかく）——————— 142
- □ 赤緯（せきい）————————— 17、200
- □ 赤色巨星（せきしょくきょせい）——————————— 23
- □ 赤道儀式（せきどうぎしき）——————————— 189
- □ 赤道座標（せきどうざひょう）——————————— 17
- □ 赤経（せっけい）————————— 17、200
- □ 絶対等級（ぜったいとうきゅう）——————————— 22

ソ

- □ ソンブレロ銀河（ぎんが）—————— 55

タ

- □ 太陰太陽暦（たいいんたいようれき）——————— 201
- □ 太陰暦（たいいんれき）——————————— 201
- □ 大赤斑（だいせきはん）——————————— 150
- □ 大接近（だいせっきん）——————————— 144
- □ 大マゼラン雲（だい～うん）———— 127、167
- □ ダイヤモンドリング————— 137
- □ 太陽（たいよう）——————————— 132
- □ 太陽系（たいようけい）——————————— 130
- □ 太陽系外縁天体（たいようけいがいえんてんたい）—————— 157

- □ 太陽投影板（たいようとうえいばん）——————— 132
- □ 太陽風（たいようふう）——————————— 163
- □ 太陽暦（たいようれき）——————————— 201
- □ 楕円銀河（だえんぎんが）——————————— 167
- □ たて座——————— 29、36、80
- □ タランチュラ星雲（せいうん）————— 127
- □ 誕生星座（たんじょうせいざ）——————————— 128

チ

- □ 地球型惑星（ちきゅうがたわくせい）——————— 131
- □ 地平座標（ちへいざひょう）——————————— 17
- □ 超銀河団（ちょうぎんがだん）——————————— 169
- □ ちょうこくぐ座————— 29、36
- □ ちょうこくしつ座——— 29、36、96

ツ

- □ 月（つき）——————————— 134
- □ つる座————————— 29、36、102

テ

- □ テーブルさん座（ざ）————— 29、36
- □ デネブ——————————— 78
- □ デネボラ—————————— 48
- □ 天球（てんきゅう）——————————— 16
- □ 天体写真（てんたいしゃしん）——————————— 192
- □ 天体望遠鏡（てんたいぼうえんきょう）——————— 188
- □ 天王星（てんのうせい）——————————— 156
- □ 天王星型惑星（てんのうせいがたわくせい）——————— 131
- □ 天の赤道（てんのせきどう）————— 17、201
- □ 天の南極（てんのなんきょく）————— 17、125
- □ 天の北極（てんのほっきょく）——————————— 17
- □ てんびん座—— 29、36、68、177
- □ てんびん座α星（ざアルファせい）————— 68
- □ 天文単位（てんもんたんい）——————————— 130

ト

- [ ] 等級————————22
- [ ] 東矩————————142
- [ ] トゥバン————————73
- [ ] 東方最大離角————————142
- [ ] とかげ座————————30、36、94
- [ ] とけい座————————30、36
- [ ] 土星————————150
- [ ] とびうお座————————30、36
- [ ] とも座————————30、36、122
- [ ] トラペジウム————————111

ナ

- [ ] 夏の星座————————60
- [ ] 夏の大三角————————61、62
- [ ] 南極冠————————147
- [ ] 南天の星座————————124、126
- [ ] 南斗六星————————66

ニ

- [ ] 二重星団————————91
- [ ] にせじゅうじ————————126
- [ ] 日周運動————————21
- [ ] 日食————————136、138

ネ

- [ ] 年周運動————————21

ハ

- [ ] はえ座————————30、36
- [ ] 白色矮星————————23
- [ ] はくちょう座————————30、36、78、180
- [ ] 白道————————201
- [ ] はちぶんぎ座————————30、36

ハ

- [ ] ハッブルの分類————————167
- [ ] 馬頭星雲————————111
- [ ] はと座————————31、36、120
- [ ] バラ星雲————————120
- [ ] バルジ————————165
- [ ] 春の星座————————38
- [ ] 春の大曲線————————39、41
- [ ] 春の大三角————————39
- [ ] 春のダイヤモンド————————39
- [ ] ハレー彗星————————162
- [ ] ハロー————————165
- [ ] 半影月食————————136
- [ ] 反射望遠鏡————————188

ヒ

- [ ] ヒアデス星団————————115
- [ ] 干潟星雲————————67

フ

- [ ] ふうちょう座————————31、36
- [ ] フォーマルハウト————————102
- [ ] 不規則銀河————————167
- [ ] 輻射点————————159
- [ ] ふたご座————————31、36、118、187
- [ ] 部分月食————————139
- [ ] 部分日食————————136
- [ ] 冬の星座————————104
- [ ] 冬の大三角————————105、107、113
- [ ] ブラックホール————————79
- [ ] プレアデス星団————————115
- [ ] プレセペ星団————————46
- [ ] プロキオン————————23、113
- [ ] プロミネンス————————138
- [ ] 分解能————————191

ヘ

- ヘール・ボップ彗星 ——————— 161
- ベガ ————————————— 75、77
- ペガスス座 ———— 31、36、94、182
- ペガススの大四辺形 ——————— 83
- ベテルギウス ——————— 23、108
- へび座 ————————— 31、36、72
- へびつかい座 ————— 31、36、72
- ヘルクレス座 ——— 32、37、70、178
- ペルセウス座 ————— 32、37、90
- ヘルツシュブルング・ラッセル図 — 23
- 変光星 ——————————— 89、97

ホ

- 棒渦巻銀河 ——————— 165、167
- ぼうえんきょう座 ————— 32、37
- ほうおう座 ———————— 32、37
- 北斗七星 —————————— 44
- ほ座 ———————— 30、37、122
- 北極星 —————————— 44
- ポリマ —————————— 54
- ポルックス ————————— 119
- ポンプ座 ————————— 32、37

マ

- マックノート彗星 ——————— 162
- 満月 ——————————— 135

ミ

- ミザール ————————— 44
- みずがめ座 ——— 32、37、102、184
- みずへび座 ———————— 32、37
- 三つ星 —————————— 111
- みなみじゅうじ座 ——— 32、37、126

み

- みなみのうお座 ———— 32、37、102
- みなみのかんむり座 —— 33、37、66
- みなみのさんかく座 ——— 33、37
- 脈動変光星 ————————— 196
- ミラ ——————————— 97

メ

- 冥王星 —————————— 157
- メインベルト ————————— 149
- メシエ天体 ————————— 201

モ

- 木星 ——————————— 150
- 木星型惑星 ————————— 131

ヤ

- やぎ座 ———— 33、37、98、183
- や座 ———————— 33、37、80
- やまねこ座 ————— 33、37、46

ヨ

- 宵の明星 ————————— 141
- 夜半の明星 ————————— 150

ラ

- らしんばん座 ————— 30、37、122
- ラス・アルゲティ ——————— 72
- ラス・アルハゲ ——————— 72

リ

- リゲル ——————————— 108
- りゅうこつ座 ————— 30、37、122
- りゅうこつ座エータ星雲 ————— 122
- りゅう座 ——————— 33、37、72
- 流星 ——————————— 158

207

- ☐ 流星雨 ——————— 158
- ☐ 流星群 ——————— 158
- ☐ 流星痕 ——————— 158
- ☐ りょうけん座 ——— 33、37、52

レ

- ☐ レグルス ——————— 49
- ☐ レチクル座 ——————— 33、37
- ☐ レンズ状銀河 ——————— 167

ロ

- ☐ ろくぶんぎ座 ——— 33、37、50
- ☐ ろ座 ——————— 33、37

ワ

- ☐ 惑星状星雲 ——————— 198
- ☐ わし座 ——————— 33、37、76

学研の図鑑
LIVE（ライブ）ポケット⑨
星・星座
2018年5月29日　初版第1刷発行

発行人	黒田隆暁
編集人	芳賀靖彦
発行所	株式会社 学研プラス
	〒141-8415 東京都品川区西五反田 2-11-8
印刷所	図書印刷株式会社

NDC 440 208P 18.2cm
ⒸGakken

本書の無断転載、複製、複写（コピー）、翻訳を禁じます。
本書を代行業者等の第三者に依頼してスキャンやデジタル化することは、
たとえ個人や家庭内の利用であっても、著作権法上、認められておりません。

お客様へ
この本に関する各種お問い合わせ先
● 本の内容については
　　TEL 03-6431-1280（編集部直通）
● 在庫については
　　TEL 03-6431-1197（販売部直通）
● 不良品（落丁、乱丁）については
　　TEL 0570-000577
　　学研業務センター
　　〒354-0045 埼玉県入間郡三芳町上富279-1
● 上記以外のお問い合わせはTEL 03-6431-1002（学研お客様センター）

■ 学研グループの書籍・雑誌についての新刊情報・詳細情報は、
　　下記をご覧下さい。
　　学研出版サイト http://hon.gakken.jp/
　　※表紙の角が一部とがっていますので、お取り扱いには十分ご注意ください。

プラネタリウムへ行こう

星空を再現したプラネタリウムでは、星や星座などについて楽しく学べます。おうちの人と星の勉強に出かけてみましょう。

東京
世界最多の星を投映できる
多摩六都科学館

住所 東京都西東京市芝久保町5-10-64
HP http://www.tamarokuto.or.jp/

プラネタリウム投映の様子
© GOTO

北海道
1億個の星がかがやく「天の川」
札幌市青少年科学館

住所 札幌市厚別区厚別中央1条5-2-20
HP http://www.ssc.slp.or.jp
天の川はたくさんの星の光の集まりです。

愛知
世界最大のプラネタリウム
名古屋市科学館

住所 愛知県名古屋市中区栄2-17-1
HP http://www.ncsm.city.nagoya.jp/

投映機と座席

全国のプラネタリウムリスト

場所	名称（所属等）／情報	プラネタリウム紹介
茨城	**つくばエキスポセンター** 茨城県つくば市吾妻 2-9 http://www.expocenter.or.jp/	直径 25.6mの世界最大級のドームでは、つくばエキスポセンターのオリジナル番組や、美しい星空を楽しめる生解説などを上映しています。
千葉	**千葉市科学館プラネタリウム** 千葉県千葉市中央区中央 4-5-1 複合施設「Qiball（きぼーる）」 内 7 階から 10 階 http://www.kagakukanq.com/	光学式の「ケイロン／ CHIRON」と、CG 映像を映し出すデジタル式の「バーチャリウムⅡ」のハイブリッド方式のプラネタリウムです。
東京	**日本科学未来館** 東京都江東区青海 2-3-6 日本科学未来館 http://www.miraikan.jst.go.jp/	全天周立体視映像とプラネタリウムが楽しめるドームシアターガイアがあり、オリジナルの映像作品で、わたしたちをとりまく壮大な世界を、より身近に体感することができます。
山梨	**山梨県立科学館** 山梨県甲府市愛宕町 358-1 http://www.kagakukan.pref.yamanashi.jp/	約 1500 万個の星を映し出せる「メガスターⅡ A Kaisei」と、デジタル映像システムがあります。科学館では、天体観望会も行われます。
兵庫	**姫路科学館** 兵庫県姫路市青山 1470-15 http://www.city.himeji.lg.jp/atom/	直径 27mのドームスクリーンを持ち、専門解説員による星空解説や、迫力ある全天映画を楽しめます。七夕には特別投影も行われます。
広島	**5-Days こども文化科学館** （広島市こども文化科学館） 広島県広島市中区基町 5-83 http://www.pyonta.city.hiroshima.jp/	直径 20mのドームスクリーンを持ち、星空の投影やプラネタリウム番組のほか、全天周映画の上映なども行われています。
香川	**高松市こども未来館** 香川県高松市松島町 1-15-1 https://takamatsu-miraie.com	光学式投映機の「スカイマスター ZKP4（LED）」と、デジタル式の「メディアグローブΣ」を組み合わせたプラネタリウムがあります。
宮崎	**宮崎科学技術館** 宮崎県宮崎市宮崎駅東 1-2-2 http://cosmoland.miyabunkyo.com/	ドーム直径が 27mのプラネタリウムを持ちます。子ども向けの投映や、絵本の読み聞かせなどの企画も行っています。
鹿児島	**鹿児島市立科学館** 鹿児島県鹿児島市 鴨池 2-31-18 http://www.k-kagaku.jp/	約 1000 万個の星々を映すプラネタリウム「ケイロン」があります。星について学べるほか、名曲プラネタリウムなどの企画も行われています。

※上記のほかにも、日本の各地にプラネタリウムがあります。URLの日本プラネタリウム協議会の全国プラネタリウム一覧「http://planetarium.jp/public/planetarium_list/」でさがしてみましょう。※プラネタリウムの上映内容は、季節や時期によって変更されます。